极简算术史

Arithmetic

关于数学思维的迷人故事

[美] 保罗·洛克哈特（Paul Lockhart） 著
王凌云 译

致亲爱的读者

亲爱的读者:

对事物进行计数和安排是很有趣的，我们喜欢做这样的事情，甚至已经将它发展为一种传统艺术，这种艺术就是算术。算术是对数字信息巧妙地进行安排，以便于交流和比较。它既是一种快乐有趣的心灵活动，也是一种娱乐放松的消遣活动——如果你愿意，也可以把它看成一种“符号编织”活动。但是请相信，这就是算术的全部。擅长算术并不表示你特别聪明，也不代表你有数学天赋之类的；同样，不擅长算术也并不表示你很笨，或者你没有数学头脑。算术与其他技艺一样，只要你想学好就完全能学好，但无论怎样，它都不是什么大不了的事情。希望通过阅读这本书，你能从中受到启发并试着去尝试，亲身体验熟练掌握数字所带来的简单快乐和满足。

祝你玩得开心!

推荐语

今天的世界比人类历史上任何时候都更加依赖数字，廉价、可靠的计算设备的出现，并未减少我们对掌握算术的需求。保罗·洛克哈特在这本精彩的书中指出，我们从手工计算的苦差事中解脱出来，使得我们有可能，也有必要回过头来反思几千年来算术的整个发展过程。什么是数？它们是如何产生的？为什么我们的祖先发明了数？他们又是如何表示数的？毕竟，数是人类杰出的发明之一，可以说对我们生活的影响比轮子更大。洛克哈特讲述了它们的精彩故事。

——齐斯·德福林，数学家、斯坦福大学教授

这既是一本数学书、一本历史书，也是一本讲述思考方法的书。世界各主要文明数字的起源和发展占了很大篇幅，在我阅读本书之前，完全没有想到有人能将这个问题描述的如此丰富有趣，可见作者对数学起源发展研究的深厚功底，也让读者对现实生活中习以为常的数字有了全新的认识。

我从自身学习和工作的经历中深刻体会到，个体掌握的基础的深度与所能达到的创新高度是成正比的。知其然是一座房子，知其所以然是这个房子的根基，有了根基的房子才能对抗风雨和时间的考验。培养知其然，且知其所以然的学习习惯，一定会受益终身。

——杨孟飞，中国科学院院士

在万物都讲究量化的今天，我们不得不通过“数”来度量、描述甚至感受一切。数学是科学之基础，算术则是其中最古老的部分，看似人人皆知的规则背后，其实历经了千百年人类智慧的锤炼。《极简算术史》兼顾了算术的科学严谨与深邃之美，同时辅以趣味插图，于数学科普图书来说，既普及了算术这门传统艺术，又生动传神地勾勒出数学之美。

——罗金海，《公式之美》作者，科普号“量子学派”创始人

对中国的孩子和家长们而言，人文知识多少还能从媒体或课外书中获取，但我们的数学知识却通常只有一个来源：教科书。而教科书里的数学，随着难度的增加，对多数人而言，越来越高耸冷峻。《极简算术史》是一部满怀热情的数字简史，为我们展示了数学平易近人的一面。为我们被训练出来的思维定式，提供了不一样的视角。在洛克哈特的字里行间，都能看到他对数学的热爱。这种热情如果能传递给数学教育者和数学学习者，将是一件很好的事。

——池晓，好奇学校创始人

先哲毕达哥拉斯有言：“万物皆数。”他认为数是“宇宙万物的本质”。保罗·洛克哈特避开传统的单调而乏味的教学方式，把算术作为符号编织的一种娱乐，以免除学生对数学的恐惧心理，用发散思维、逆向思维展示数的起源、发展、单位、进位制、计算器一直到二进制的电脑，让你在数学长河中由必然王国游向自由王国。再则，作者试图把数学中的“就是这样”上升为“为什么这样”，把教师要讲的让学生讲出来，这也是教师教学的改革方向。

——高建华，中关村中学 数学老师

保罗·洛克哈特的前两本书入选了我的最强数学书排行榜前五名。这本也再一次超出了我的预期。他的文笔深刻而有趣，很实在地改善了我的教师生涯，也给了我机会去发现数学中那些吸引人的艺术。特别是本书，拓展了他以前关于数的讨论，以及它与代数、几何和微积分的联系（他以前的书中的主题）。保罗用美丽而简单的方式，展示了所有这些数学领域是如何在解释模式的艺术下结合在一起的。

——亚马逊读者评论

我希望有能力为每个攻读教育学的大学生买这本书。作为一名老师，根据经验来说，保罗·洛克哈特在书中所讲解的内容，在学生的书本上没有，在课堂上也没有得到强化。我正在尽最大努力把它带给学生们。

——亚马逊读者评论

保罗·洛克哈特是一位伟大的作家，他热爱数学，这本书也是对老话题的一个全新审视。这种结合意味着他的数学写作具有感染力。读者在阅读保罗的书时，会情不自禁地感到兴奋。在《极简算术史》中，保罗带着读者进行了一次小冒险，了解了古代记数系统是如何运作的。从这开始，他继续讲乘法和除法等运算，然后讲到分数、负数，再讲到概率。清晰的例子再加上他的幽默，使得一本关于数学的书完全没有枯燥之意味。我会向任何想了解数字或数学运算的人推荐这本书。

——亚马逊读者评论

数学之美　思考之趣

杨孟飞 中国科学院院士

虽然我工作比较繁忙，但是，当知悉这是一本有关数学发展历史与数学教育的书时，我还是欣然接受了出版社的邀约，想看一看这本书。

作者开篇轻松的笔调，立刻让我放松了下来。的确，数学是一种快乐有趣的智力活动，也是一种用以消遣享受的娱乐活动。

正如我在很小的时候喜欢上数学，自此就一直没有觉得数学是枯燥繁琐的，相反，沉浸在数学世界中时，我总是感到乐趣无穷。所以，当你真正体会到数学的魅力之后，很可能时常在数字游乐场里流连忘返。

本书从生活中最简单的数学应用讲起，让读者对人类为什么要计数有了思考和探究。这是一个符合认知规律的提法，论述深入浅出，视角独特有趣。

世界各主要文明数字的起源和发展占了很大篇幅，在我阅读本书之前，完全没有想到有人能将这个问题描述的如此丰富有趣。书中的论述，看似轻松随意，却体现了作者对数学起源发展研究的深厚功底，也让读者对现实生活中习以为常的数字有了全新的认识。

数字发展的历史，是人类发展进程中重要的组成部分，在讲述数字发展历史的同时，作者也为我们介绍了许多有趣的历史故事，很好地开阔了读者的眼界。最重要的是向读者传递了从来就没有一成不变，只有不断发展、不断创造的这一基本规则，可以为年轻的读者种下挑战和创新的种子。

本书还有一个非常重要的特点，就是能将那些平时看起来非常理所应当的数学概念和运算原理，从数学本质的角度去分析、诠释这些规则是怎么来的。

现在社会的知识量呈爆炸式增长，要学的东西太多，往往会造成学而不思、不求甚解的状况。比如书中提到的 3×5 和 5×3，这两个算式的含义其实并不一样，只是结果恰好相同罢了。这样的解读在当下往往不被人重视，觉得纠结这种“显而易见”的问题是在浪费时间。

然而，几乎所有伟大的发明发现，都是对传统概念中“显而易见”正确，或是符合常理的事物提出质疑，并进行深入研究时，在过程中有所发现。

我从自身学习和工作的经历中深刻体会到，个体掌握的基础的深度与所能达到的创新高度是成正比的。我国航天事业的每一次创新，也无一不是建立在对航天技术内在发展规律的深刻理解和掌握之上。

知其然是一座房子，知其所以然是这个房子的根基，有了根基的房子才能对抗风雨和时间的考验。培养知其然，且知其所以然的学习习惯，一定会受益终身。

本书互动式的讲述方式，把讲数学当成了讲故事、做游戏，把数学源于生活这一概念体现得淋漓尽致。我想数学教育者和家长如果能用这种方式和孩子们探讨数学，大概率是会受到孩子们的喜爱的。

这既是一本数学书、一本历史书，也是一本讲述思考方法的书。个人认为特别适合中学生及以上的学生朋友认真阅读。这个学习阶段是养成学习思维方式的重要时期，也有了一定的知识储备和理解能力，相信读者朋友们看过之后都会有所收获。

虽然不是每一个读过这本书的读者都能喜欢上数学，但是我相信，每一位读者都会由此而对数学有一些新的思考和认识。

数学是大自然的语言。希望更多的人能够喜欢数学。

目录

CONTENTS

CONTENTS

事 物

我们为什么要计数？

我们生活在一个充满了各种事物的世界，这里有植物和动物，有岩石和树木，还有天上的繁星和海滩上的沙子。当然，我们周围还有很多人。有时我们不免要去数一数（count）。那么，我们到底为什么要费心去数这些事物呢？事实是，通常情况下我们并不会这样做。在大多数情况下我们也无须仔细地去数，只要能够区分“我们还很富余”或者“我们十分短缺”就足够了。比较（compare）是我们需要计数的主要原因。这些比较一般都很简单，比如“所有东西加起来大约需要 16 美元，而我有一张 20 美元，足够了”。事实上，如今大多数交易听起来不再是“收您 16 加 71，一共是 87 美元，正好是 3 个 29 美元，祝您购物愉快”，而是“哔哔”的银行卡刷卡声。大多数时候，我们并不需要做太多的实际计数。尽管如此，还是会有些时候，我们想准确地知道某些东西自己到底拥有多少。那么，我们会记录哪些东西，又为什么会去记录呢?

时间可以说是我们最早记录的事物之一。我们可以想象，史前部落之间的聚集会被安排在狩猎之后的若干天，这若干天则是通过刻在树上的月亮数或痕迹数来计算的。如果你问我，我会说我们太会记录时间了。当然，还有一个事物是金钱，人们肯定会十分仔细地记录它（不过不要和我提这个）。此外，还有财产，例如小孩可能会说“我所有的玻璃弹珠都在弹珠袋里了吗？”大人则会说“我希望我们有足够多的银器”。土地、谷物、牲畜，所有这些财产都会被记录。七年的饥荒紧跟在七年的丰收之后。由此看来，我们的确喜欢计数。

此外还有好奇性计数，纯粹因为好奇而去计数。比如，人们会问“银河中有多少个星星？”“我能够屏住呼吸多少秒？”也有更数学一些的问题，比如“可以有多少种不同的方法摆放书架上的书？”

无论目的或理由是什么，偶尔我们会发现自己想要知道某个事物的数量。这就是算术的开始，人们有了求知的欲望（desire）。对你不在乎的事物进行计数是没有任何意义的，永远不要那样做。这样做很无趣，也会让你对计数心生讨厌。事实上有很多人都讨厌算术（多得简直数不清！），说到这里我感到很难过，这通常是因为他们被迫做了一些自己不感兴趣的事情，我不希望我的读者也成为他们中的一员。

这里的关键是，有些事物我们有时候想去数一数。实际上，有些数量，我们与其说是数，不如说是量。当我们需要量某些东西时，这些东西可能是一定量的牛奶，某个人的身高，或者一块土地，我们则需要根据事先约定的被称为单位的数量（例如一杯、一英寸或一英亩）来对它们进行计数。这样做的效果是，我们将平滑连续的东西变成了离散块状的。为简单起见，我们只考虑对明显的独立个体进行计数。

前面我说过，计数其实就是在比较。即使你是出于好奇而去数某个东西，比如说你恰好有 32 便士，你“知道”你有多少便士的意义，也是通过与其他某个特定数量（比如 30）进行比较而得到的，这一数量在你的语言中会有特殊的名字并作为人们熟悉的大小基准而存在。说出 32 这个词，就意味着你在不知不觉中已经进行了一次比较：它要比三双手手指的数量多一些。

比较始终是关键所在。“我们拥有的足够多吗？”“这一切都合适吗？”“以前有的更多，它们都去哪儿了？”我们计数是为了进行比较。如果只需要看一眼，我们就能够知道两堆东西哪个多哪个少，就好像我们拥有与嗅觉或者味觉类似的“数字感”，那就太好了。也许会有这样的生物存在，偶尔有些人（通常是一些神经严重损伤的人）也基本上能够做到这一点，但是我们中的大多数人却不能。我认为几乎每个人都有“数字感 3”——无须逐个去数就知道有 3 个东西，但是如果超过 6 或 7，再依靠数字感结果就有些不确定了。

尝试一下你直接感知数量的能力。

我想知道，这种能力是否可以通过练习逐步提高呢？

一个问题是，我们可能太擅长识别模式了。我们的大脑非常善于存储模式化的信息，但是在面对随机散落的情况时却表现得并不好。下面两个例子展示的都是6个东西：

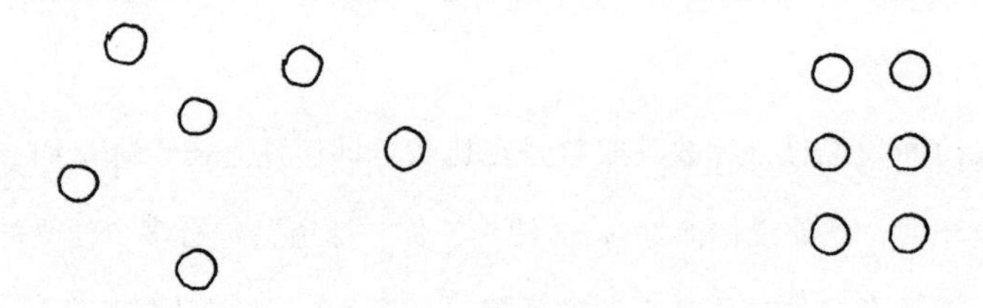

我并不能说我可以直接感知数字6。看左边的图时我需要去数，但是看右边的图我却可以马上就知道总量。我们无数次见过这样的摆放，这正像骰子玩家是不需要去数点数的。我们对这些形状的熟悉程度不亚于熟悉自己的手背，事实上是有过之而无不及。

所以，如果我们要数的东西多少有些条理，那就会简单很多。没有人想去数一堆散落在房间里随处可见的物品，其原因是计数的行为十分依赖人的记忆和时间感，“哪些是我已经数过的呢？”每个曾经生活过的人都知道那种数不清的无力感，我们忘了数到哪里而不得不重新开始。事实上，这可能是人类最常见的共同经历。我们本质上都只不过是曾经数不清数的芸芸众生，特别是在所有东西看起来都一样而且摆放得杂乱无章到处都是的情况下，记不清哪些是已经数过的再正常不过了。

不过这并不是说，当东西摆放整齐时，我们就不会数不清楚。事实上，我们只是不太擅长无趣、重复的活动而已。这样的事情根本就无法引起我们的注意，因此大脑容易走神。我猜想，这样的我们实在是太聪明、太有趣了。

因此，总结起来就是，对于超过5的数我们并不能立即感知，同时混乱和无序会对我们产生干扰。此外，我们还是粗心大意的白日梦者，不要期望我们能够完成简单乏味的重复性工作。那么，我们应该怎么办呢？答案是，我们由此创造了艺术和科学，利用我们那偏爱寻找模式的大脑，发展了一种既具创造性也有娱乐性的计数技术。

面对一堆石子，你要如何安排才能很容易就判断出其数量是偶数还是奇数？

∨
∨
∨
∨

语 言

数是最基本的数学信息

一种思考计数的方法是，其实我们是在度量一堆事物的数量。这其中隐含着这样一个事实：事物的数量与它们的摆放方式无关。举个例子，假如我的口袋里有7个弹珠，那么无论我怎么晃动它们，当我将它们全部拿出来时，仍然只有7个弹珠（这里假设我用的力气无法将弹珠晃碎，而且我的口袋也没有破洞会让它们漏出去）。在心智发展的某个阶段，我们人类意识到了这一数量的不变性（number permanence）。这意味着，用各种不同的方式重新摆放这些物品，都不会影响到我们感兴趣的信息——这堆物品的数量。

当这些物品相对来说比较容易持有、携带和控制时（比如是弹珠、硬币或软糖），一切都会很好没有什么问题。然而，通常我们想要计数的物品会很大、很远，更糟糕的是甚至还会移动；有时还短暂易逝，就像时间一样。此时我们又该怎么办呢？

答案是，在这些情况下，我们需要做的是替换，用那些处理起来更容易的物品去代替那些我们真正有兴趣想要计数的物品。我们可以用表示（representation）来替代这些物品，并依据表示继续后面的工作。

很难说清楚这样的想法最初是什么时候产生的，但从洞穴绘画和雕刻人像来看，人类用一种东西来代表另一种东西已经有相当长的历史了。

尽管在其他物种中也有类似的行为（例如灵长类的手势、大黄蜂的舞蹈等），但是没有什么物种进行这些替换行为的程度和频率能够与人类接近，而且人类的替换行为通常是无意识的。语言本身就是大量相互关联的感知记忆的替代物，通过使用词语来表示相似的感官体验。可以肯定地说，表示是意识的基本要素之一。

事实上，我们是如此擅长于表示，以至于常常忘了表示与事物本身之间的区别。例如，“cat（猫）”这个词由三个字母组成，它既没有尾巴，也不会发出咕噜声。Cat 这一串字母其实就是一个代码，我们用它来表示猫这种有尾巴会发出咕噜声的动物。这正是朱丽叶沉思时所表达的意思：

> 名字里能有什么含义呢？我们把玫瑰叫别的名字
>
> 即使换了名字它也依然芬芳。

特别是，当我们开始设计算术系统时，保持一个数与其表示之间的区别至关重要。很多人对此都不甚了了，我不希望你也成为他们中的一员。

不管怎样，在某个时候，比如说二十万年前，人们开始用一件东西来代表另一件东西。这样做的一大优点是携带方便（portability）。如果我用鹅卵石来代表羊，那么我就可以很容易地把它们放进一个袋子里，用来记录和买卖我拥有的羊，而不必背上任何真正的羊。（这样做不仅我背起来更容易，而且羊同样也会喜欢的。）货币无疑就是这样起源的。类似地，足球教练也可以使用 X 和 O 分别表示两支球队的球员，然后就可以通过在纸上移动这些符号来模拟比赛，而不必真的放上又大又重的真人球员。

一个穴居人如果想要传递一些重要的数字信息，比如他在水边发现了多少只驯鹿或狮子（这个信息也许更重要），可以快速地收集一些石子或浆果，使每只动物与更便于携带的表示物相对应，这样他就能够将信息准确地放在手中带回了。这才是数的真正内容：信息（information）。这里的关键是，用石子代替驯鹿并不会改变信息。同时，它又的确改变了信息保存和传输的便利程度，所以我们才会这样做。语言和算术（尤其是算术）的历史，就是一部越来越抽象、越来越简便的替代史：从真实的羚羊到画出来的羚羊，再到石子、树枝或者手指，再到骨头上的刻痕，再到口头表达（即说话），最终变成了抽象符号。

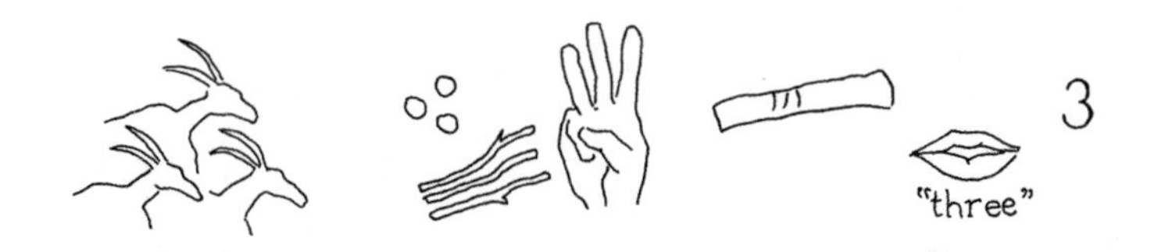

我猜想，语言演变中的每一次发展都源于解释和传递信息的需要。特别是数学，作为一种解释性的艺术形式，最终数学的所有结构都是以“信息载体”的形式出现，以便解释某种模式或想法。而数则是最基本的数学信息。

所以，在这本书中，我将告诉你算术的故事，在很大程度上它就是一部表示的历史——通过不同的选择和策略来组织并传递数字信息。在整个故事中，重要的是记住数本身与它所表示事物之间的区别，而不是它的表示方式。对于像猫这样的具体事物来说，这通常并不太难——我认为并没有多少人会经常抚摸 C、A、T 这三个字母。但如果是数字的话，情况就变得有些难以捉摸了，我可以很容易理解数值三和符号 3 是怎么混为一谈的。如果 3 仅仅是表示数值三的符号，那么与这个表示符号无关的数值三，本身又究竟是什么呢？猫，我曾经抱过也抚摸过，但是我们怎样才能感觉或触摸到数值三呢？

当然，与更抽象的一些概念如希望或爱相比，情况还没有那么糟糕——至少我可以用手去拿三个橘子或三根羽毛。尽管如此，物品的数量属性，三，还是让人觉得有些模糊无形。即使这样，数值三仍然具有独立于其表示的性质和真实性（例如它是奇数）。

如果要去研究那些并不熟悉的表示系统，我们尤其要清楚其中的区别。例如，数十三并不是“以 1 开头，以 3 结尾”。数根本没有开头和结尾，数就是数，只是印度－阿拉伯十进制位值表示方法使得它有开头和结尾，并具有一定的外形。数十三有很多性质：它是一个素数，是两个平方数（即四和九）的和，同时还是奇数，但它“看起来”不像任何东西。我自己则喜欢将数看成是一种表现出各种行为的生物，这有助于我和它们一起玩耍、工作，但我并不认为它们具有任何特定的视觉形式。或者也可以说，我很清楚它们采用哪种形式要取决于我，而且我可以根据自己的选择将它们表示得很好或者不好。

我最喜欢的表示数的方法，就是把它们想象成一堆石子。正如前面我们看到的那样，根据数的大小，将会有无数种可能的视觉摆放方式，其中一些更有条理（因此更容易记住和识别），而另一些则不那么有条理。

如果有 1 个、2 个直到 12 个石子，

每种情况下你最喜欢的摆放方式是什么样的？

例如，骰子上点的安排特别简单，也很容易记住：

[顺便提一句，骰子中的五点形⚄被称为梅花形（quincunx），使用这个词的机会并不多，显然，我就抓住了这样一个机会。]

如果我们想传递的数只有一到六，例如在滑道和梯子（一种棋类儿童游戏，棋盘上有滑道和梯子的图案，棋子遇梯子就前进，遇滑道则后退。——编者注）这样的游戏中，那么骰子这样的点数排列就构成了一种十分有效且方便的数字语言。使用手指也一样：当有人（比如裁判）伸出一只手的两根手指和另一只手的全部五根手指时，每个人都能立即认出这是用手指表示七。设计智能数字表示系统的真正问题在于，当数变大时应该怎么做。正如我们将要看到的，问题并不仅仅是手指不够用，我们的记忆力也同样不够用。

你能发明一种只使用一只手的手指就可以表示数一到二十的方法吗？

∨
∨
∨
∨

重复

如何记数才能"一看即知"？

毫无疑问，表示数最古老而简单的方法就是使用计数标记，即一系列有组织的划线或刻痕，其中每条划线或划痕代表一个需要被计数的物品。例如，数四就可以表示为IIII。伊尚戈骨（Ishango bone）是目前已知的最早刻痕实例之一，其年代大约为公元前18000年。

虽然我们还不清楚它的计数对象是什么，但它显然是某种东西的记录。（当然，也不排除另一种可能，即这些刻痕可能只是某个人无聊时随便刻下的或者仅仅是装饰。）无论如何，人们从远古时代开始就使用这种方式来表示数了。

计数标记方法有不少优点。首先，它是有组织的。我们需要将可能是随便放在一起的计数对象替换为大致相同、间隔均匀的有规则的划线。除此之外，还有什么更简单、更自然的方法吗？这是在很多比赛中记录比分的传统方法，也被人用于记录待在监狱里的天数。计数符号简单、便携而且方便。

与往常一样，当数变大时，问题就来了。对比较的小的数（比如五或更小的数），我们可以很容易地区分它们的表示，同时可以立即感知它们表示的数量并进行比较。没有人需要去数每一条划线才知道这代表着四，我们一看即知这里有四条刻线。但正如我们所看到的，一旦数量更大时，我们就不再有这种能力。因此尽管计数标记简单易用，但它仍不能解决“一看即知”的问题。

你能看出 ||||||||||| 和 |||||||||| 哪个更大吗？

有很多方法可以改进这个系统，我们最熟悉的是所谓的“五栅门”形状。在此方案（它同样比有记载的历史更古老）中，我们将每个第五条划线改为从左下到右上的斜线。例如，用此方法十三将被表示为：

卌 卌 |||

斜线的存在打破了一成不变，让我们可以很容易地将两个数区分开来。标记被分成五个一组，每一组都像典型的由五道栅栏组成的牧场大门。我们可以立即看出十三的表示中有两个“一手”和三个零头。（“一手”原文为handfuls，在现代汉语中“手”有作为量词的用法，但多用于本领、技能，如“学了一手绝活”，直接用“手”作为数量的好像只有股票，一手即一个交易单位，A股一手等于一百股，这里借用来翻译handfuls。——译者注）有了这种方法，现在比较两个数就很简单了，如果其中一个数有更多的五栅门（或者手数），那么它就更大。如果它们有相同的手数，那我们就比较零头。因此，可以说这是一个简单而优雅的解决方案，大多数人都会认为它易学易用。

卌卌卌|||与卌卌卌||，你知道哪个更大吗？

这种非常通用和重要的算术技巧，被称为分组（grouping）。由于长序列的重复符号难以被直接识别、记忆和比较，因此我们将符号序列分成固定大小的组，并用某种方式表明这一点。这会使记数语言变得稍微复杂一些（因为这样做我们就需要一个新的标记或单词或别的什么），但这样做几乎总是值得的。同样的想法也出现在音乐中，一长串的节拍被分组从而成为一种节奏模式。对我们来说，这样做似乎是很自然的。

这种分组观念的一大好处是节省了时间。它不仅让识别和比较变得更容易，而且能够更快速准确地传递数值信息。

一旦决定将事物分为小组，我们遇到的第一个问题就是每个小组多大？例如，作曲家需要决定如何将节奏律动分成小节，选项之一是每小节三个节拍的华尔兹模式：蹦擦擦/蹦擦擦。其他的标准选项则包括每小节二个、四个、六个、八个和十二个节拍模式。

类似地，算术家也需要为手边的计数问题选择合适的分组大小。整个数的语言（包括单词、符号和计算设备）都围绕这一选择而设计，并成为部落文化的一部分。例如，五栅门系统强调数五，并且让人觉得它比其他的数要更“可靠”或更“干净”。没有人会真正喜欢零头，它们像是不受欢迎的残余，或者是无论如何都需要被记住和记录下来的细节。说“四手”总要比说“三手两个零头”简洁容易得多。

当然，分组的大小完全是随意的个人选择。五并没有什么特别之处，除了我们每只手上刚好有这么多手指之外。千百年来，人们在不同的环境中试验了许多不同的分组，我们仍然可以从各种语言的数词中看到曾经的选择痕迹。英语的“dozen”和德语的“zwolf”揭示了我们曾经使用十二作为分组大小（这样的分组仍然存在于我们今天的生活中，例如一英尺等于十二英寸，一打鸡蛋有十二个），而从法语的“vingt”和英语的“score”中则可以看出，二十也曾被选作分组大小。

除了好奇和容易感到无聊外（这些间接地导致了艺术、科学和技术的产生），人类的另一个重要特征是“懒惰”。我们厌倦了做大量的重复标记，从而想找到一个更好的解决办法。缩写（abbreviation）是我们给出的答案，它也是我们使用语言的一贯方法。每当我们发现自己一遍又一遍地重复着同样的话时，我们就会想出一个新的、更简短的词语来替代它，无论是书面语言还是口头语言，概莫能外。

想象一下，假如我们是附近牧场的牧羊人（生活在古希腊），我想告诉你，我有多少只羊在夜里被狼吃掉了。假设我们已经制定出一套系统（其实是一种语言），每少一只羊我就会用两根木棍敲出声音。正如厌倦了去看一行一行的计数标记一样，我们同样也记不住一长串的相同声音。因此，一个想法是使用不同的声音，也许是音调稍低一些的声音，来表示一组五。就像写下 卌卌卌|| 一样，我们可以通过滴 - 滴 - 滴 - 哒 - 哒这样的敲击声来节约时间和精力。

类似地，如果我们厌倦了一整天都在画五栅门，我们也可以发明一个新的速记符号来代替更耗时的 卌，例如一条水平划线“—”。这样，我们就可以将上面的数更简单地写为 ———||，甚至是 ≡|| 。这就是我们人类会做的事。一旦变懒了，厌烦了，我们就会利用智慧和创造力想出更巧妙的新方法使自己摆脱无趣的工作。在某种程度上，我们都是汤姆·索亚（美国作家马克·吐温代表作《汤姆·索亚历险记》的主人公——译者注）。需求可能是发明之母，但厌倦（boredom）肯定是发明之父。

无论我们是想通过说话、手势还是书面形式来交流数，重复、分组和缩写都是自然的语言手段。多大的分组更方便以及分组和零头如何表示，这些都由特定语言的使用者来决定。

那么，我们怎样才能确定一个好的分组大小呢？又是什么决定了这种分组要比那种分组好呢？当然，这些都取决于你在数什么，你将和谁交流，最重要的是你要数的东西的量有多少。

如果你要数的东西量很少（比如你所有的弹珠），那么是否使用分组以及使用什么样的分组，都没有太大关系。然而，如果用到的数特别多，那么我们就需要花些心思选择合适的分组大小。

如果选择的分组太小，比如说二或三，那么这就有些违背我们分组的整体目的了。有些时候，数是如此之大，以至于即使选择五作为分组大小，也依然需要一大堆组。事实上，组是如此之多，我们无法做到看一眼就知道有多少组。这里，我们遇到了“更高级别”的感知问题。举个例子，你知道下面两个数哪个更大吗？

卌 卌 卌 卌 卌 卌 卌 卌　　卌 卌 卌 卌 卌 卌 卌
卌 卌 卌 卌 卌 卌 卌 ||　　卌 卌 卌 卌 卌 卌 卌 |||

显然，我们需要做的是将五栅门这样的小组划分成更大的组。这里有一个有趣的选择问题。每个五栅门代表含有五个个体的一组，也就是说我们选择五作为组的大小。现在的问题是五栅门变成了个体，出于同样的原因（为了更好地感知和比较），我们需要将它们组成新的组。那么，我们应该如何分组呢？是继续按照五个一组还是选择不同的分组大小呢？

假设我们将四个五栅门组成一组。（如果我们将五栅门想成是一只手或脚的话，那么选择四作为组的大小就是很自然的选择，因为我们所有的手指和脚趾加起来刚好是四个五栅门。）□这种四边形很适合作为新分组的缩写（它的四个角提示我它代表的是四个五栅门）。这样一来，我们就可以很容易地写出相当大的数，比如□□□卌 卌||。

这里的关键是，对任何重复系统来说，随着数越来越大，我们将不断地需要新的词语和符号。每当碰到新的“感知墙”，即遇到新的感知问题时，我们就需要确定一个新的分组大小及表示方法。千百年来，有成百上千个巧妙的系统实现了这一点，有些非常简单优雅，有些却笨拙恼人。在后面的章节中，我将向你展示一些我最喜欢的系统，从而让你对各种可能有所了解。

你能自己设计出一种利用重复和分组的记数系统吗?

三个原始部落

三种分组与记数语言

让我来想象一下史前时期，比如将背景设置在三万年前的尼罗河畔。（这样我就可以编造一些内容，而不用担心与历史事实相矛盾。）我们不妨设想这里生活着三个彼此相互交流的早期人类部落，每个部落都有自己独特的数字语言，所选的分组大小也各不相同。

我们首先介绍手指部落（Hand People）。在这个部落里，一手有五个，即一只手上手指的数量，这是传统的分组大小，与前面介绍的五栅门系统一样。作为一个前语言社会，手指部落的成员使用一套手势系统进行交流。数一用拍手一次来表示，数二用拍手两次来表示，其余以此类推。由于该部落成员都认为拍手五次与拍手四次很难区分，所以他们用紧握的拳头捶打一次胸膛来表示五。因此，七这个数用这套手势系统表示是这样的：砰－啪－啪。手指部落中不存在口头的或书面的交流方式。

你能够用手指部落的语言从一数到二十吗?

第二个出场的是香蕉部落，该部落通过发声方式来表示数。一的表示是 na，二的表示是 na-na，其余以此类推。香蕉部落的分组大小是四，一组四个用他们的方式表示是 ba。所以，七这个数在香蕉部落中是这样表示的：ba-na-na-na。

自然，香蕉部落成员想要与邻近的手指部落成员交流，就需要在两个系统之间进行转换。无论是通过刻意学习，还是仅仅通过日常不断使用而熟能生巧（更有可能），总之香蕉部落的商人熟练地掌握了这两个系统，一看到手指部落的握拳捶胸就能立即想到自己部落的 ba-na 系统，这样的行为甚至是下意识的。

试着使用香蕉部落的语言从一数到十二。

第三个部落是树族部落，在这个部落里，数并不是通过发声或手势来传递的，而是以书面形式传递的，比方说在树皮上划痕。他们的分组大小是七，前六个数的表示如下所示。

这里，我可以想象，最后两个表示会有些混淆。换句话说，我不太相信自己对六的数字认知感。不过现在我们假设，这对树族部

落成员来说不成问题。

显然这套标记系统不可能一直这样持续表示下去，树族部落很清楚这一点，他们为分组大小七准备了一个特殊的符号：⍋，也就是一棵树。对树族部落来说，七是非常神圣和特殊的，它坚实可靠，没有令人讨厌的零头。当然，想与其他两个部落交换信息的树族部落成员，毫无疑问需要熟练地掌握这三套系统并能自如地转换。

需要交代清楚的是，我之所以选择提到这段假设的人类历史时期（不可否认相当牵强），是要说明我的以下观点：数字信息的巧妙重组，特别是不同分组大小之间的转换，才是算术的本质与精髓。

正如你预想的那样，这三个部落都有自己的文化规范和期望，分组大小也不例外。在一个将事物划分为四个一组的世界里长大的人，会赋予四这个数一定的神秘性和情感意义。当你从有记忆时起，就听到人们这样计数：na，na-na，na-na-na，ba，ba-na，ba-na-na，ba-na-na-na，ba-ba，这样的节奏就会深深刻进你的脑海，融入你的血液，让你觉得 ba-ba 是非常可靠、安全、合理的数，而像 ba-ba-na-na 这样的数则不能给你这样的感觉。

这也正是我们大多数人对十二（twelve）这样的数的感觉。事实上，英语中的 twelve 来自一个古老的日耳曼语词根，词义为“剩下两个”。这一词义与十二这个数的任何内在属性都无关，只是因为我们习惯于将事物分成十个一组。因为我们一直是这样做的，甚至我们对数的命名都是围绕十个一组构建的。例如，当我们说“四十六”时，实际上我们说的是“四组外加六个零头”。

这对我来说是不幸的，因为如果我想告诉你们数及其属性，或者算术及其历史时，我所使用的英语词语已经偏向于某个特定的分组大小了。因此，这里存在一个看问题的角度的问题。（事实上，它让我想起了透视图的教学，我为说明透视机制而绘制的图形本身就是透视图！）

所以，我需要你接受这样的观点：任何分组大小都是一样的，在这方面我们应该尽可能地做到对多元文化的包容。特别是，要抵制住将一切都转换为我们所熟悉的术语（以数十为中心）的诱惑，看看你能否真的能像当地人那样去使用这些部落语言系统计数。

设想有这样一个简单的交易场景：手指部落有个人想用一些工具来交换香蕉，假设他认为每件工具都值砰－砰－啪－啪－啪个香蕉。一个熟练掌握手指部落语言的香蕉部落成员可能会在心里盘算道："砰用我们部落的话说是 ba–na，因此砰－砰－啪－啪－啪换算过来就是 ba–na，ba–na 加上 na–na–na，所有零头的 na 加在一起是 ba–na，所以砰－砰－啪－啪－啪用我们部落的话说就是 ba–ba–ba–na。"事实上，一个真正熟练的翻译甚至可能不需要做任何这样的思考，就能够从经验中知道砰－砰－啪－啪－啪应该怎样用 ba 和 na 来表示。人们很快就会习惯将某些特殊数作为参考，比如砰－砰－啪－啪就是 ba–ba–ba，就像我们认为三十一要比三十整多一个零头一样。

每种计数方法中都有一套自己的"好"数，这些数说出来都很简单，而这其实取决于我们费心为哪些数起了特别的名字。尤其是一种分组大小中总会产生一个特殊的（通常也很简短的）名字。

这就意味着，在进行分组大小的转换时，学习一些特殊数作为参考是值得的。如果我是手指部落的翻译，那么我会要求自己熟练掌握以下转换：砰等于 ba–na，ba–ba 等于砰 – 啪 – 啪 – 啪，ba–ba–ba 等于砰 – 砰 – 啪 – 啪。

会有两种语言都认为是“好数”的数吗？

但是，如果掌握得不熟练呢？我们怎样才能够做出正确的翻译和转换呢？作为人类，我们设计了聪明的策略，特别是我们可以使用各种表示方式。下面我们使用其中最简单的一种：石子堆（Piles of Rocks）。

设想你是一个学徒，刚刚从事这样的翻译工作，有一个手指部落成员向你提供了上述价格的工具，它值砰 – 砰 – 啪 – 啪 – 啪个香蕉。（亲爱的读者，我多希望我们是在同一个房间里，这样就可以一起发出这些声音。当我在写这些词的时候，你能够跟着握拳捶胸或拍手吗？这样做实际上可能有助于你理解我所说的内容，同时也很有趣。）

由于并不太熟练，于是你按照刚才说的那样去摆放石子：砰 – 砰 – 啪 – 啪 – 啪。

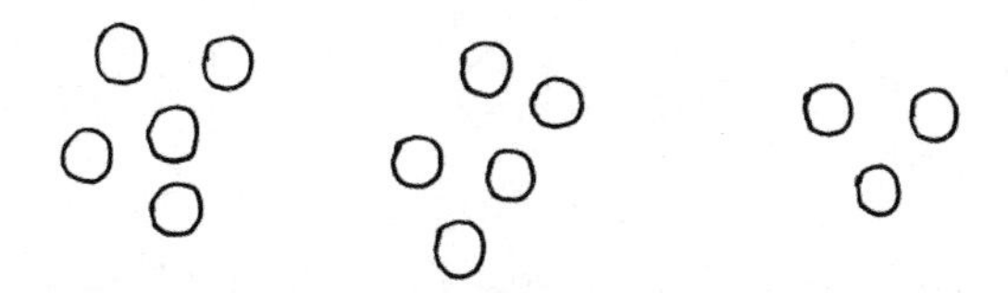

这里我们可以看出，每个砰是一手，而所有的啪则是零头。或

者，如果你喜欢更整齐的排列方式，也可以将石子按行排成如下的样子：

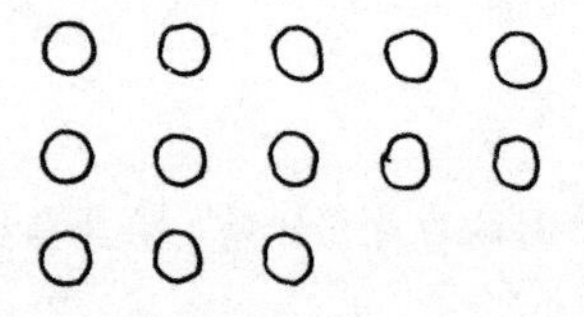

这样排列之后，每行就表示一手或者说砰，最后一行不完整，表示的是零头。

无论哪种形式，现在我们都有了一种既能看见又可触摸的数的表示。作为拥有大脑的灵长类动物，我们人类的确喜欢去看、去摸。这就是我们为婴儿们制造那些“多功能益智玩具盒”（busy box）的原因，这样他们就可以转动曲柄，打开门，然后照里面的镜子。（这类游戏盒也有很多成人款。）

虽然看上去不起眼，但石子堆系统实际是一种非常强大的计算装置。使用它时，你只需要把石子重新排列成你想要的不同分组大小即可。例如，对需要将手指部落语言翻译为香蕉部落语言的人（也就是读者你）来说，可以通过简单地移动石子来创建一种新的模式：

现在我们很容易看出新的分组大小 ba，同时也能够看到还剩下一个零头。（也许更巧妙的做法是，你可以简单地将上一个图中的一个石子从第二行移到第三行。）这样，我们就可以自信地对香蕉部落的成员说，手指部落工具的报价是 ba–ba–ba–na。

石子堆可以说是世界上的第一个计算器，而且值得注意的是，使用它不需要任何特殊的知识或技能，只要有摆石子的能力（当然也不能将石子弄丢）。其缺点则是，我们必须能够找到（或者随身携带）一堆石子或者类似很方便的东西。

我们再来看另外一个例子。假设现在树族部落也希望通过交换获得一些手指部落的工具，他们愿意用 ↑↑↑∨ 颗雕花木珠来交换一件工具。作为一个不太熟练的树族 – 手指部落翻译人员，你决定再次拿出石子堆，首先摆出 ↑↑↑∨ 对应的形状。

将它重新排列成五个一行（根据你的喜好和掌握的技能可以直接或巧妙地完成），即一行一手，我们就可以得到下图左边的排列：

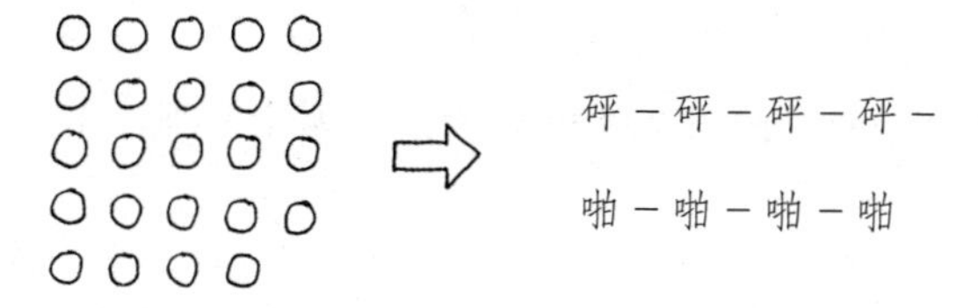

这就是通常所说的“做算术”，你将数的信息以一种形式呈现出来，然后再将它重新组织为另一种形式。祝贺你！算术实际上并不比这更复杂，所以如果将石子堆重新排列成不同大小的分组对你来说很好理解，那么你后面的学习之旅也将会相当顺利。当然，要想真正擅长算术还有一个问题，而这完全取决于你自己，以及取决于你有多想去练习和尝试。

现在，你可能已经注意到，在前面的示例中数已经变得相当大了。事实上，这个数是手指部落语言可以方便表示的最大数。当然，他们也可以说出砰－砰－砰－砰－砰－砰－砰－砰这样的数（并试着听出来和记住），但如果这样做就又会带来新的感知问题，而解决感知问题正是我们引入分组并给分组命名的最主要目的。自然的做法是，当数变大时，在现有分组的基础上继续分组。

下面，我们主要关注香蕉部落。我愿意设想，经过几个世纪之后，他们从手指部落那里学会了使用工具，并从树族部落那里学会了书写。

当身处其中时，我们可以说，整个香蕉部落的文明发展已进入了新的阶段，随之而来的是对交流更大的数和进行更复杂的交易的需求。然而，四是一个特殊吉祥数的观念仍然继续存在。

香蕉部落新的数字书写系统可能是这样的：每个零头用弯曲的划线 \ 表示（我们都知道，这其实是一根香蕉的通用符号），一组四个香蕉则用 □ 这样的四边形表示。因此，数十（即 ba-ba-na-na）写为 □□\\。

当超过某个数之后，ba 的数量会急剧增加，这让我们产生了在它的基础上继续分组的想法。那么，多少个组来组成一个新的大组呢？这是我们在设计数的表示系统时必须要做出的更重要的决策之一。

你可能会认为这个问题的答案毫无疑问：我们会继续选择四（ba）作为分组大小。当然，我们会将四个小组组成一个大组。除了四，还有什么别的选择吗？四个东西组成一个小组，再将六个小组组成一个大组，这样做实在很荒唐！

但事实是，这样的情况总是在发生。12 英寸等于 1 英尺，但 3 英尺就等于 1 码。旧的英国货币体系同样如此，12 便士等于 1 先令，但 20 先令才等于 1 英镑。这种混合基数系统一直就存在，并将继续存在。例如，巴比伦人将十个一组的小组组成更大的组——六十，也就是说，六组有十个东西的小组构成了一个大组。尽管如此，如果可能的话，选择一个分组大小并保持不变似乎是最简单的方法。

所以，我们假设出于同样的考虑，香蕉部落将四只香蕉组成一串，四串香蕉组成一束，并称这个数（ba-ba-ba-ba）为 la，写作田。下图可以说是一束这个分组非常形象的符号表示：

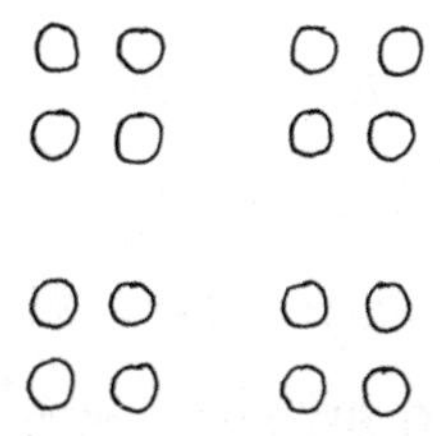

现在，大数的表示和比较就变得容易了。例如，树族部落写作⇧⇧⇧的数用香蕉部落的写法表示就是田口丶（la-ba-na）。

树族部落的 ⇧⇧⇧⇧，香蕉部落又会怎样读、怎样写呢？

这三个部落的记数语言其实都是一种标值系统（marked-value systems），其中的每个词语或符号都有固定明确的含义。无论符号 ⍋ 或田出现在什么位置，都代表的是同样的数。特别地，对这样的表示系统来说，符号的顺序并不重要。正如你口袋中的弹珠可以来回变换位置但数量却保持不变一样，下面这三种表示代表的都是同一个数。

田□□\\\　　\田\□\□　　\□田\\□

这可以说是一个非常方便的特性，让标值系统使用起来很简单。标值系统（如货币）也非常牢靠，你可以将页面上的所有符号（或罐子里的所有硬币）都拼凑起来，这样做不会对信息产生任何实质性影响。当然，它还是会影响到信息的表示形式，如果你希望以特定的方式来组织信息，那么不妨多注意一些。

大多数人尤其喜欢将数（通常还有钱）排列成便于比较的形式。一般来说，人们会将大的数值（或面值）放在前面，小的数值（或面值）放到后面。换句话说，即使我们可以按任何顺序书写符号，但按符号的重要性来书写是有好处的，这让我们可以一眼就看出大体情况，比如“哦，我有 500 美元”，而不是让 1 美分与 20 美元具有同样的地位。

无论怎样排列桌上的一堆石子都代表同样的数量，但有些排列的确更便于人们沟通。虽然 田□□\\\ 和 \\田□\□ 表示的是同样的数，但第一种表示却让我们一眼就看出是“la 加一些零头”，而第二种表示却将最大的数隐藏在零头里面。

所以，我们通常都会采用从大到小的方式来表示数字（至于是否从左往右写则是一种文化上的选择）。这里，再次体现出做算术的目的是比较，以这种方式表示数量使得比较变得更加方便。

出于同样的原因，我们通常更希望数被表示成整理“干净”的组，而不是像许多袜子和内衣那样散落得到处都是。比较整理“干净”的和未整理的表示可能会让人感到困惑，比如下面这两个数：

第二个数实际上更大一些，虽然符号 la 并没有明确地写出来。从中可以看出，虽然第二种表示方式完全有意义且排列明确，但在进行比较时却不太方便。

从另一个角度说，没有什么会比对比整理好的、按分组大小排序的两个数更简单的了。

上面这两个数显然第一个数要大：虽然这两个数有同样多的 la，但第一个数中的 ba 更多。这种组织和比较的方式被称为字典序（lexicographic ordering），在本质上它与字母序相同。首先比较最大的分组，哪个数有更多最大的分组，哪个数就更大；如果最大的分组数相等，则接着比较次大的分组数，以此类推。

因此，为了便于比较，我们通常会以这种方式对符号进行排序。当然，有些时候保持数处于未分组、未排序的状态更方便。关键是我们可以做任何自己想做的事情。如果按这种方式组织数要花更长的时间，或者你必须重做已经做过的事情，那么不妨保持现状，风险通常都会很低。算术的基本想法是找一些乐趣，记一些东西，并偶尔要一点聪明。

设想你属于香蕉部落，共有 la-la-la 根香蕉并想用香蕉来交换工具和木珠。每件工具值砰－砰－啪－啪－啪根香蕉，而每个香蕉则可以换两颗木珠。在购买三件工具（并吃了一根香蕉当作午餐）后，你还能用香蕉换多少颗木珠（用树族部落的语言表示）？

埃及

标值系统与堆叠

公元前 3000 年左右埃及人使用的记数系统，是最早的也是最简单的标值系统之一。其想法与我们前面看到的（作者虚构的）各部落所使用的记数系统完全相同，唯一的区别是该系统是历史中真实存在的。此外，与人类所使用的大多数数字表示系统一样，它的分组大小为十。

数十经常作为分组大小出现，并非出于任何内在的数学或美学原因，而只是因为我们恰巧都有十根手指。事实上，十作为一个数并不具备任何特别吸引人的特征。从可除性的角度来说，十二更好；从可重复减半来说，八更合适且更小。十作为分组大小（基数）完全是文化的选择，而且在我看来它有些偏大。

十远远超出了大多数人数字感知能力的极限。因此，为了设计一个方便的标值系统，埃及人需要首先解决感知问题。

埃及人为一个零头设计的符号是寻常的竖划线 | 。然而他们不使用五栅门，而更愿意让符号堆叠（stacking），例如八不是表示为 卌|||，而是表示为 |||| 。一般来说，他们尝试避免在一行中出现四个以上的划线，因此数一到八的典型表示如下所示：

一	二	三	四	五	六	七	八

值得注意的是，堆叠的模式让我们很容易看出一个数是偶数还是奇数——上下堆叠的划线要么对齐要么不对齐。从一到八的表示来看，数九的表示好像成了问题，因为它似乎需要在一行中有五条划线。埃及人没有允许这种情况发生，他们选择了一个不同的方案：九用三行三条划线来表示：

|||

九

所以堆叠模式可以让我们一目了然地知道我们有多少东西。与骰子一样，它的设计十分简单，容易学习和辨认。我们甚至可以灵活地选择堆叠模式，例如埃及人经常将四写为两条划线在另外两条划线的上面。

由于十是分组大小，我们需要为它设计一个特殊的符号。埃及人选择了 ∩ ，它被认为是脚跟的标记（大约源于每走十步用脚跟踩个标记来测量土地面积的行为）。

自然，与处理零头时一样，在处理分组时我们使用同样的堆叠

模式。因此，我们称为四十五的数将写为∩∩∩∩ |||||。同时，它也可以用另外的方式写为||||| ∩∩∩∩，具体写成哪种形式则取决于我们是从左往右写还是从右往左写，埃及人两种书写方式都有。

当然，随着社会文明的发展，由于需要储存更多的粮食，建立更多的军队以及增加税收，我们处理的数也越来越大，因此也就需要代表更大值的符号来表示由小分组构成的大分组，以此类推。

埃及人用符号𓍢来表示一组十的分组（即一百），据说它代表的是一卷绳子；用莲花符号𓆼来表示一组𓍢（也就是我们所说的一千）。

> 假设香蕉部落被埃及人征服了，现在他们必须要学习埃及人的记数系统。那么田□□\，田田□\\\ 和 田田田□□\\ 这些数用埃及人的方法应该如何表示？

另一个奇妙的创新则是引入了计数硬币（counting coins），它作为计算工具代替了石子堆。这个想法很简单，就是在一些物品上（通常是木制或陶制的筹码）做上一些标记来表明其代表的数值。这些硬币并不需要具有任何实际的价值，只要它们能够代表特定的数值就可以。在某种意义上说，这是另一个层面上的抽象：一个标有∩记号的硬币代表十个石子，而每个石子又代表了你实际上在数的东西。

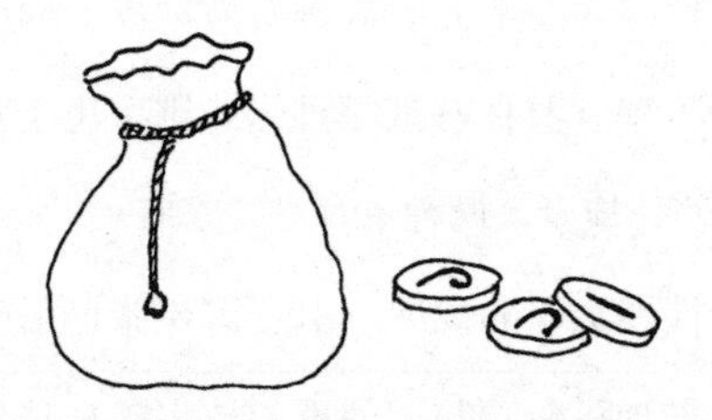

假设我们有一个装满了这些计数硬币的大袋子，这些硬币上标有各种符号 ı 、∩ 、୧ 和 𓆼。然后，我们可以把它们倒到桌子（也被称为柜台）上，并对它们进行分类，再按照我们的意愿将它们按堆或者按行排列。这样，我们就有了一个简单方便的计算设备，或者说算盘（abacus，这里的算盘并不专指中国算盘）。算盘其实就是一个简单的手工表示系统，或者说，是用一种可以手持和操作的东西来表示数的方法。与石子堆一样，计数硬币可以很容易地分组和重新排列，因此计算也可以相对快速地完成。根据需要，最后也可以将结果写下来。

试着自己做一套埃及硬币。

当然，对于非常简单的计算，算盘系统通常并不是必需的，你往往可以在头脑中进行这样的计算，重新排列符号并记住信息。这样做需要你有相当不错的记忆力，然而，从古至今很多人都认为这是一件让人烦恼、使人痛苦的事情。而另一方面，又有很多人非常喜欢心算，他们甚至认为使用算盘是在作弊或在某种程度上有损他们的尊严。不过没有关系，要是你喜欢在大脑中存储并处理细节信息，那么不妨继续这样做；要是你更愿意使用某种计算设备，那也很好。这两种计算方法都很有趣，都充满了惊喜和欢乐。

不管怎样，使用埃及计数硬币本身是很简单的。我们只需要对数字进行直接转换，用有相应标记的硬币来替代每个书面的符号，就像下面这样：

现在，我们可以直接操作（字面意义上的操作）数了，放置在一边或者与其他的数相结合都很简单。

假设你是一个埃及的抄写员，生活在公元前 1850 年左右，法老要求你准确地记录粮食供应情况。共有三个粮仓，分别有以下数量的粮食（以蒲式耳为计量单位）：

底比斯粮仓

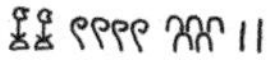

吉萨粮仓

阿斯旺粮仓

那么一共有多少粮食呢？

假设你不想心算得出总数，或者你不愿意冒险出错而导致法老愤怒，于是你来到会计室走到柜台的后面，拿出一大袋计数硬币开始仔细排列数字：

为计算出总数，你只需要将这些硬币都推到一起：

标值算盘系统的最大优点是非常灵活——无论你如何将它们打乱或是对它们进行重新排列，这些硬币总是代表相同的数量。（稍后我们将会看到一些更现代的算盘系统，虽然要更脆弱但是也有其优势。）

这就是总数，你已经完成了计算，桌子上所有硬币代表的数就是总数。不过，这种表示方式存在下面几个问题。首先，随身携带一堆硬币很不方便（你很可能会不小心丢失几个硬币，如果丢的硬币中碰巧有莲花标记的，那么问题就严重了），我们更希望看到的是更加轻便的书面形式。其次，为了能够进行比较（这无疑会在某个时刻发生），我们希望这个数已经按分组整理好，而不再杂乱无章。

因此，下一步工作就是“兑现”或者说兑换硬币，让其数量尽可能地少。特别是当我们有一组十个相同的硬币，比如说十个标有 ∩ 的硬币，我们就可以用它们兑换一个标有 ९ 的硬币。这样做显然不会对实际的数产生影响，因为一个 ९ 就等于十个 ∩ ，但这种兑换确实会影响数的表现形式，事实上这就是我们进行兑换的出发点。

每个数都有很多种形式来表示，而我们则希望从中选择一种尽可能方便有用的形式。有时候，令人高兴的是这意味着我们什么都不用去做；而另外一些时候，我们则可能想“清理”一下表现形式。如何决定完全取决于具体的情况以及我们在这种情况下想要什么。当我们要表示的数将被记录下来并与其他数进行比较时，那么将它按分组整理好并按分组大小排序就是一个好主意。

因此，这里我们用十个绳子硬币（即𓍢）兑换一个莲花硬币（即𓆼），十个脚跟硬币（即𓎆）兑换一个绳子硬币。兑换之后，我们剩下四个莲花硬币，一个绳子硬币，两个脚跟硬币和一堆零头，如下所示：

接着我们用十个零头兑换一个脚跟硬币，最终我们拥有的硬币如下。

现在，我们得到了总数的简洁表示，用符号写出来就是：𓆼𓆼𓆼𓆼𓍢𓎆𓎆𓎆𓏺。

需要注意的是，这些兑换可以在任何时间以任何顺序进行，对于是否要进行兑换以及何时进行这些兑换，你可以灵活处理。有时你进行了某种兑换，但后来却发现自己进行了相反的操作（例如为了减去某个数）。要想成为一个熟练高效的算术家，我们的一部分任务就是要避免这种重复操作。如果你愿意的话，就要提前思考并尽量不要进行不必要的操作。当然，其实这也没有太大关系，这只关系到算术的技巧以及你有多在乎把事情做好，就像编织一样。

特别地，“从下往上”进行兑换通常都比较节省时间。换句话说，我们需要首先兑换零头，然后再兑换分组，再兑换分组的分组，以此类推。这样做就能够防止后面出现反向操作，再将大单位的硬币兑换回之前已经处理过的小单位。

三个埃及牧羊人为了羊的安全决定将羊群都赶到一起。第一个牧羊人有𓍢𓍢𓍢𓎆𓎆𓎆𓎆𓏺𓏺𓏺𓏺𓏺𓏺𓏺只山羊，第二个有𓍢𓎆𓎆𓎆𓎆𓎆𓎆𓎆𓎆𓏺𓏺𓏺只，第三个有𓍢𓏺𓏺只。虽然牧羊人采取了预防措施，但是仍然被狼吃掉了𓎆𓎆𓎆𓎆𓎆𓎆𓎆𓏺𓏺𓏺只山羊，请问还剩多少只山羊？

罗 马

亚组的引入与位值系统

古罗马人使用的标值表示系统是最流行和最常见的。它可以说是人类历史上最成功的算术系统，至少从使用时间方面来看是这样的。罗马算术系统简单、方便、易学，同时也为解决重复和感知问题提供了一个完全不同的方案。它的分组大小仍然是十，作为一种标值系统，罗马系统中不同等级的分组都有特殊的名称，并使用不同的罗马字母来表示。（希腊字母和希伯来字母也有类似的使用方式。）因此，每个零头都用字母 I 表示（无须特别说明是大写字母 I，因为古罗马人没有小写字母），一组十个用字母 X 表示，由十个 X 组成的组则用字母 C 表示（拉丁语单词 *centum* 的第一个字母，意为“一百”），由十个 C 组成的更大的组则用 M 表示（代表拉丁语 *mille*，即“一千”之意）。

罗马系统中出现的新想法是引入亚组（subgroup）符号来代替堆

叠。一连串的 I 写在一起既难辨认也不好读，为此罗马人创造了一个新的符号 V 来代表五个 I。这样，七就无须再用七个相同的字母表示为 IIIIIII 这样让人讨厌的序列，而可以简单地写为 VII。当然，罗马人在较大的分组上也同样引入了新的符号：他们用字母 L 表示五个 X（也就是五十），字母 D 表示五个 C（即五百）。

这里我们在做的其实是一种交换：我们想减少符号的堆叠重复，付出的代价则是使用更多的符号。下面，我们列出这些新的符号及其代表的数：

I	V	X	L
一	五	十	五十

C	D	M
一百	五百	一千

将亚组符号 V、L 和 D 视为不太重要的符号是个不错的想法，因为它们只是为了表示的“方便”，与主要的分组符号 I、X、C 和 M 不同。

从本质上讲，罗马系统实际上与埃及系统是一样的，唯一的差别是我们不再只使用堆叠，而是通过引入额外的亚组符号来解决数的感知问题。选择五作为亚组的大小是非常自然的，因为我们一只手上有五个手指，无论是手指部落的成员还是五栅门系统的使用者，都会对这样的选择表示由衷地赞成。据说，八足生物（例如章鱼）会认为数八是适合作为分组或亚组的大小。

假设你是克利奥帕特拉时代（约公元前 45 年）的罗马抄写员，

你的工作就是将埃及国库的记录翻译成拉丁文。那么你怎样用罗马数字来表示数𓆼𓆼𓆼𓍢𓍢𓍢𓍢𓍢𓍢𓎆𓎆𓎆𓎆𓎆𓎆𓎆𓏺𓏺𓏺𓏺𓏺𓏺𓏺𓏺𓏺呢?

这里，我们可以简单地替换相应的符号（幸好，这两种系统的分组大小是相同的），当有五个或者更多相同的埃及象形符号时，方便的亚组符号就派上了用场:

𓆼𓆼𓆼 𓍢𓍢𓍢𓍢𓍢𓍢 𓎆𓎆𓎆𓎆𓎆𓎆𓎆 𓏺𓏺𓏺𓏺𓏺𓏺𓏺𓏺𓏺 ⇨ MMMDCLXXVIIII

请注意，由于没有堆叠，右侧所有的符号都有相同的高度，这样在石头上刻字（罗马人对此非常热衷）就非常方便，同时也有利于保持文字行的整洁均匀。

顺便提一句，我想澄清一个关于罗马数字的普遍误解。你可能已经看到了（例如在章节标题、日期、时钟，以及手表上）罗马数字中减法的使用，如四写为 IV，九写为 IX。这里会产生的想法是，由于 I 比 V 小，因此六写为 VI 和四写为 IV 不存在歧义。但事实上罗马人从来没有这样做过，而且我这样说是有充分理由的。第一，标值系统的优点是其中所有符号的值都是固定的，并且数的值与符号的书写顺序是无关的。其次，当你开始让符号与其他需要记录的符号有某种关联时，你同时也在系统中引入了某种微妙的脆弱性。此外，这样做还为整个计算过程增加了额外的混乱。由于会增加不必要的复杂性，因此没有人会选择这样做。

然而，除了用于计数之外，数字还有其他用途。例如，数字可以成为非常方便的标签，章节编号和版权日期就是良好的示例，在

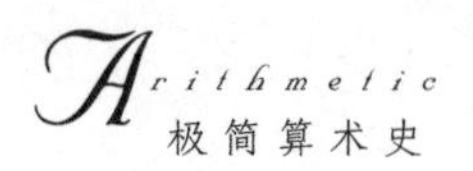

这两种情况下我们经常使用数字，但却并没有将它用于算术目的。同样也没有人会将门牌号码加起来，这些只是我们为了指代的方便而给事物加上的印记或标签。减法速记作为一种可以使这些标签尽可能短的方法在 13 世纪开始流行。罗马人很少这样做，当然从来也没有人因为算术的目的这样做。

在仔细研读埃及国库的记录时，你发现了一张破损的纸莎草卷轴，上面包含来自阿斯旺粮仓的三条记录：𓆼𓆼𓍢𓍢𓍢𓍢𓎆𓎆𓎆𓏺𓏺𓏺　𓆼𓍢𓍢𓎆𓎆𓏺　𓍢𓍢𓍢𓎆𓎆𓏺𓏺𓏺𓏺。可惜的是，这三个数的总和缺失了。你能够将埃及象形数字翻译成罗马数字并计算出它们的总和吗？

解释亚组符号 V（手指部落肯定会喜欢这个符号）有一种很好的方法，就是将它看成是一只手，当然将它看成五个手指张开的手掌会更好。用这种方法，像 VIII 这样的数就可以看成是一只手和三个手指。

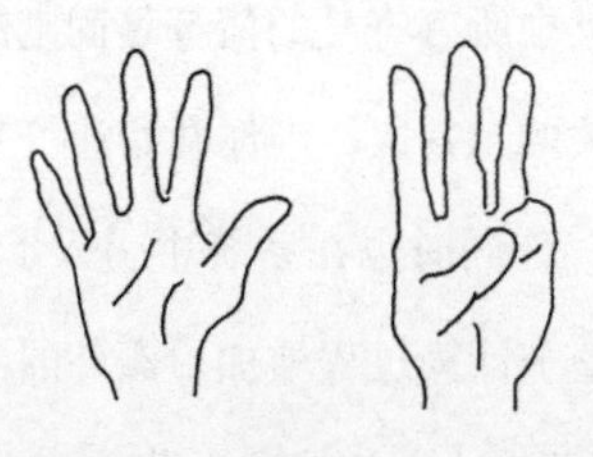

VIII

这就是为什么我喜欢将 V 看成是 I 族（I–family）的一部分。类似地，当看见 DC 时，它对我来说就像是六（当然我必须要记住，我正在计数的是六百)。因此，熟练掌握罗马数字系统的人在看到一个大而复杂的数时，比如 MMMDCCLXVIII，就会在头脑中将它分解为 MMM（三千）、DCC（七百）、LX（六十）和最后的 VIII（八个零头）。

当然，罗马人不会说英语（英语作为一门语言当时还不存在），但他们的数字有一套拉丁语名称，其中许多都与我们现在使用的英语数字名称有关。例如，上面的数（即三千七百六十八）对应的拉丁语为 *tres milia septingenti sexaginta octo*，在英语中则写作 three thousand seven hundred sixty-eight。

在罗马系统中进行计算几乎与埃及系统一样简单。作为一个标值系统，我们不用担心符号的位置（尽管罗马人总是会从左到右、从大到小地书写符号）。特别是，在计算数的和时，我们可以先将所有的符号聚集到一起，然后按照喜欢的方式去排列。

假设你是一个罗马商人，要往一艘地中海商船上装载货物。这艘商船能够装两千吨货物，而码头上的各种货物及其重量（以吨为单位）如下：

葡萄酒：DCCLXVII

橄榄：DLII

托加袍（古罗马市民穿的宽松长袍）：DCLXXIII

那么，这些货物都能够装到这艘商船上吗？

对这样的计算，我们可以简单地数一下每个符号的出现次数，并在需要的时候将值较小的符号换算成值更大的符号，计算结果如下：

DDDCCCLLLXXXVIIIIIII ⇨ MDCCCCLXXXXII

因此，这三种货物都可安全地装船，并留有一点剩余空间。

与使用埃及记数系统时一样，你发现自己需要某种算盘来辅助以使自己在进行计算时更有信心。事实上，罗马人确实有一种被称为沟算盘（*tabula*，*tablet* 的拉丁语）的设备。当然，你仍然可以使用计数硬币，但沟算盘在很多方面都更快并且更容易使用，而且它还运用了一种有力的新想法：位值。

这个想法简单而优雅。我们取一块木头或大理石，在其上凿出水平凹槽，并按大小顺序用一个分组或亚组符号来标记每个凹槽，如下所示：

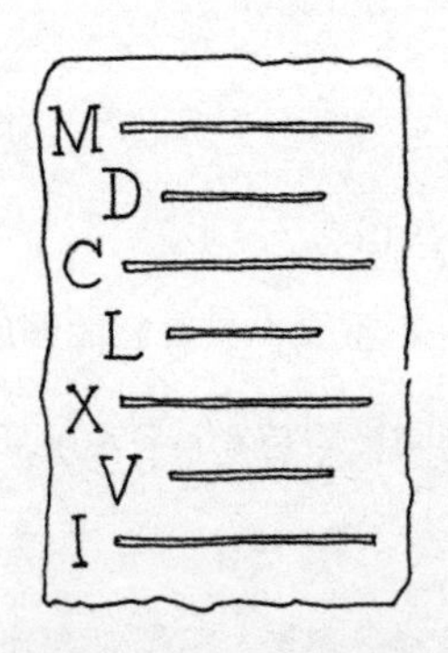

我喜欢让亚组行稍微短一些，这样做的原因后面你会清楚。为了在沟算盘上表示一个数，我们只需要在对应凹槽中放小石子，一

个石子代表一个此凹槽所对应的书面符号。因此，数 MMDCCLXVII 在沟算盘中的表示如下：

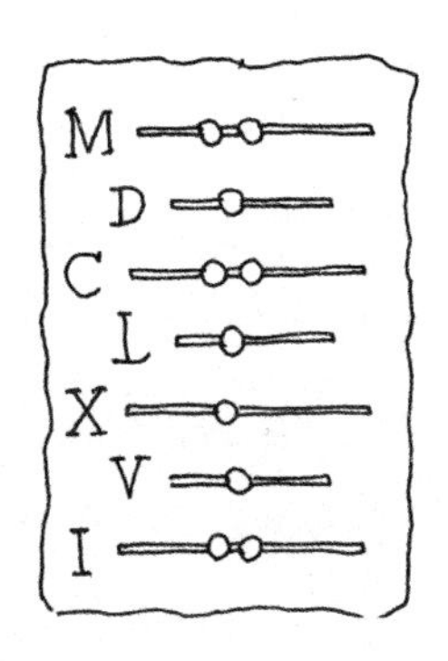

这些石头被称为计数石（calculi）。calculi 是 calculus 的复数，是 calculator（计算器）和 calculation（计算）等词的拉丁语词根，而 calculus 一词本身则来源于 calx，意思为石灰石。因此，在 calculator 与 calcium（钙）及 chalk（粉笔）这些词之间存在着有趣的词源联系。

这里重要的是这些计数石上并没有任何标记，它们都是相同的。决定计数石取值的是它的位置，这就是位值的理念。放在器皿中的计数石没有任何实际意义，直到你把它放进凹槽里，这样它就代表相应的数值。这意味着你无须记录任何标记或面额。此外，用什么来当计数石其实并不重要，只要它能够放进凹槽里并保持不动（所以我并不推荐用瓢虫作为计数石）。

自己试着做一个沟算盘。（如果愿意，你可以在纸上划线代替凹槽，并用纽扣或者硬币代替石头。）

从使用计数硬币到使用算盘，这其中又有权衡与取舍。我们获得了使用无标记计数石的灵活性，处理一堆小而相同的对象要比分类并记录标有面值的对象更容易，但我们也付出了代价，这代价就是一定的脆弱性。因为计数石的位置现在变得很重要，我们必须要当心不能因为意外而让它移动位置。如果一只猫跳到了一堆有面值的计数硬币上，那没什么大不了的，它们的总和不会受到影响；但如果它在沟算盘上走来走去，很有可能你一上午的计算成果就被破坏了。这就是其中的权衡取舍：用灵活方便来交换谨慎小心。正如我们将要看到的那样，在算术史上出现过很多次这样的权衡取舍。

现在假设你是一个罗马的抄写员，负责掌管橄榄油货栈，参议院为即将到来的酒神节从货栈订购了 MMDCXXXV 瓶橄榄油。在检查库存时，你发现货栈的楼上有 MCCCLXIII 瓶橄榄油，地窖中有 MCCLXXIII 瓶。那么，你有足够的橄榄油向参议院供货吗？下面，我们使用沟算盘来计算。我们首先用沟算盘来表示第一个数 MCCCLXIII，将计数石放在每个凹槽的左侧，如下所示：

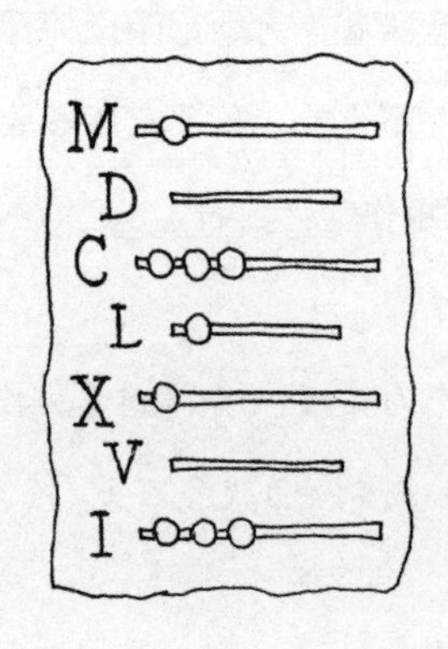

接着我们将第二个数（MCCLXXIII）加到算盘凹槽的右侧，所得结果如下：

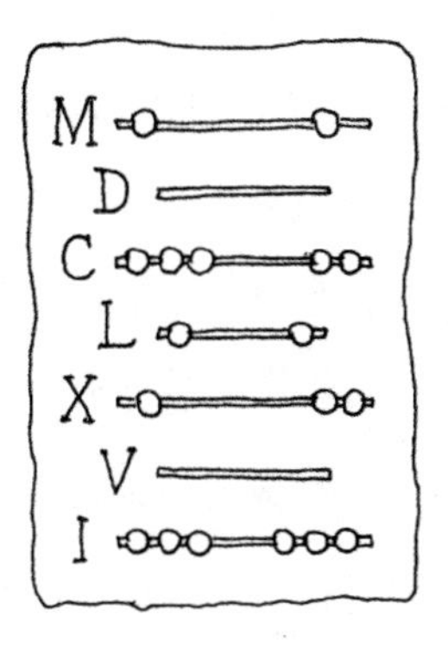

现在我们想要的总数已经出现在算盘上，只不过不是能用于比较的最简便的形式。我们需要进行一些换算操作以使它尽可能的简单。首先从底部的凹槽开始，我们将I行的五个计数石换算为V行的一个，再将L行的两个计数石换算为C行的一个，这样一来，C行就出现了六个计数石，其中的五个可以换算为D行的一个。经过这些换算操作之后，沟算盘如下所示：

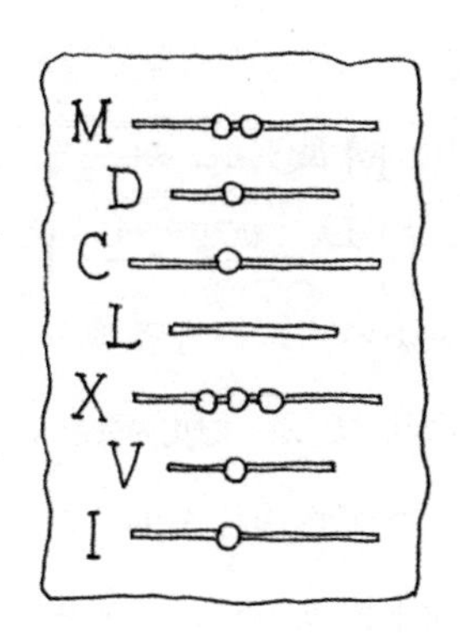

现在，总数是多少变得一清二楚了：MMDCXXXVI。与我们需要的数量 MMDCXXXV 相比，库存正好多余一瓶。因此，参议员们可以尽情享受，不用担心有人会被刺伤或者受罚了。

需要注意的是，算盘中的换算过程会稍微复杂一些，这也是权衡取舍的一部分。我们用亚组来代替堆叠，但同时也造成了个体与分组，以及个体与亚组之间换算率的不同，这就是我要让亚组行变短一些的原因。分组行（长行）上的五个计数石才能够换算成上一级亚组行（短行）上的一个计数石，而亚组行（短行）上的两个计数石就能够换算成上一级分组行（长行）上的一个计数石。这其实也并不算太糟糕，至少对所有的长行和短行来说规则始终是一样的。无论如何，不用太长时间我们就能够适应这样的规则，即使是小孩子，在经过几个小时的练习后，也能够很熟练地使用算盘。

使用沟算盘计算出 MCCLXVII、MDCLVI 和 LXXXVIIII 这三个数的和，并将和值与 MMM 比较。

从算盘上读出计数石所表示的数非常简单，我很喜欢这种感觉。像七或七十这样的数用沟算盘表示，就是一个计数石在另外两个计数石的上面，给人感觉就像是一只手和两个手指。

顺便说一句，如果想熟练掌握沟算盘（这是罗马抄写员训练中的一个重要部分），你可以尝试一种更高级的技巧：与其从长凹槽中取出五个计数石换成上一级短凹槽中的一个，不如直接从长凹槽中移除四个并将第五个向上滑动一行。这样做会节省一些时间，但同时也为出现混乱打开了方便之门。你可能会发现自己紧盯着手中的石头，不知道自己处于换算中的哪一步，慢慢地你意识到自己记不清了。

如果让你来设计的话，你会为香蕉部落设计怎样的沟算盘？

中国和日本

繁多的符号与风靡的算盘

罗马记数系统是标值理念与位值理念的一种有趣组合：其书写系统完全是标值的（包括标值的亚组符号），而其算盘系统（沟算盘）则完全是位值的。从公元前 200 年左右直到 20 世纪一直在中国使用的记数系统，则是这种混合系统的另一个有趣的例子。大约公元 500 年从中国引进（连同书法和文化）后，同样的书写系统也在日本广泛使用。

这里的新理念是一种大胆的（也可能是最根本的）解决感知问题的方法。中国记数系统没有引入亚组这样的新符号以减少重复次数，而是直接更进一步，为从一到九的每个数都分配一个特殊的符号。这是一种非常极端的解决方案，现在我们根本无须担心重复，但成本同样很高——我们不得不学习大量新的符号。所有这些符号（以及相应的英语单词）如下所示：

一	二	三	四	五	六	七	八	九
one	two	three	four	five	six	seven	eight	nine

你可能已经注意到，前三个符号（除了划线是水平的以及风格外）基本上与埃及人和罗马人使用的符号相同。不过，从四开始就完全是新的符号了（而且各符号的写法看起来相当随意）。

因此，与简单的基于重复的表示方案不同，中国记数系统一开始就为我们设置了一个障碍：我们必须要记住这九个符号及其代表的数。不过从另一方面来说，大多数的字母表都包含二十多个字母，这还不包括需要我们学习的标点符号和重音符号。所以九个新符号并不算特别多，而且它的确完全解决了感知问题。一旦我们学会了这些符号，混淆就不会再出现了。

当然，我们仍然还需要分组符号，这些符号（及相应的英语）如下：

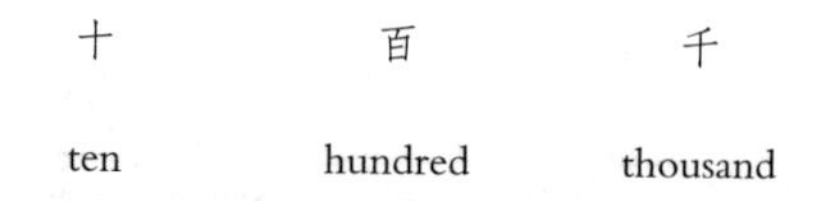

罗马数字 MMDCLXXVIII 在汉语中（按照古代从上向下从右往左的书写习惯）是这样表示的：

二
千
六
百
七
十
八

首先，我们需要注意书写方式是从上向下而不是从左往右。其次，更重要的是，我们要注意在每个分组符号的前面都加上了表示该分组个数的符号。因此，对于像MMM这样的数，中国记数系统不用再像罗马记数系统一样通过重复来表示，而是直接书写为：

三
千

这种表示方法能够节省大量的时间和空间，我们可以从下面所示的数十九的各种表示方法中看出这点。

𝍸𝍸𝍸|||| ∩||||||||| XVIIII 十九

要读懂中文或日文中的数字，我们只需要找出分组符号，并查看前面表明数量的字符。但是当特定分组的个数为一时，习惯上也可以不使用这样的数量字符，例如下面这三个数字的中文表示及罗马表示：

（“六百二”，原文如此，现在一般应写为“六百零二”，但在还没有汉字“零”的时候，中间应该加空位，所以写作“六百　二”更合适。——译者注）

下面这些数在中国记数系统中是怎样表示的？

田田□□□\\，田田□□□\\以及DCLV和
eight hundred ninty-one（891）？

正如你所料，中国和日本也都设计了自己独特的算盘装置。与中国算盘（上二下五式的七珠算盘）相比，日式算盘（soroban，上一下四式的五珠算盘）要更简单，而且与罗马沟算盘关系密切。中日算盘的新特点，是不再使用含有石子的凹槽，而是直接让算盘竹框内的直柱（称为档）贯穿算珠，如下图所示：

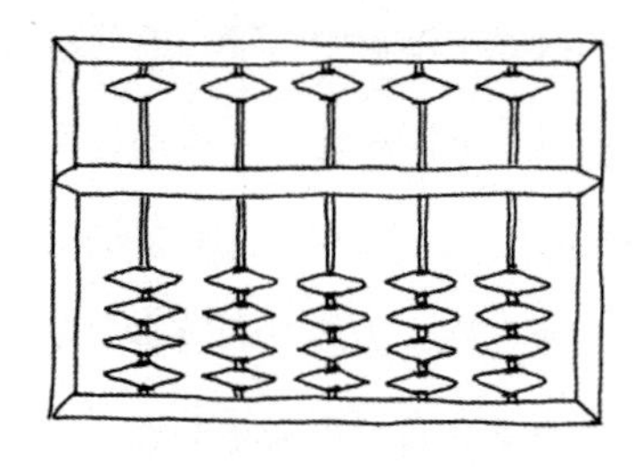

使用日式算盘时，需要将它平放到桌子上，这样算珠就可以沿

着档自由移动。为了在算盘上表示数，我们需要首先将算盘“清零”，即让所有的算珠都远离横梁靠着框。这与从沟算盘的凹槽中将所有的石子都拿走类似。

日式算盘的每个档都与沟算盘的两个凹槽对应。例如，最右侧的算珠是用来计算个位的，横梁下的四个下珠分别代表一，与沟算盘I行上每个石子代表的值相同；而横梁上的一个上珠则代表五，与沟算盘V行上每个石子代表的值相同。为了表示一个算珠正在计数，我们需要将下珠往上拨或上珠往下拨使它靠着横梁。下面是同一个数在两种不同系统中的表示：

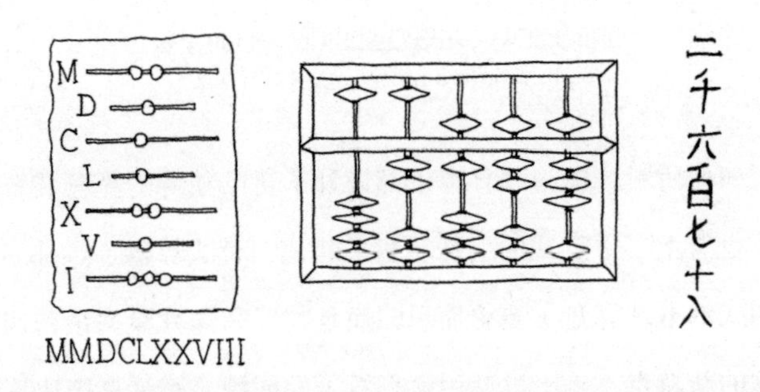

日式算盘与罗马沟算盘的主要区别是，我们无须随身携带许多计数石，因为算珠都内置于算盘中。唯一的问题是怎样表明哪些算珠在计数。为此我们只需要简单地来回拨动算珠，而不是像使用沟算盘那样来回取放计数石。中国和日式算盘的最大优点是便携，那么它有什么缺点呢？如果你认为罗马沟算盘很脆弱，容易被猫碰到弄乱的话，那么比较起来算盘可以说更脆弱，有过之而无不及，只需要轻轻一推，算珠就完全乱了。所以，作为一个16世纪的日本会计，你完全可以把整个算盘都放在和服的口袋里，但你最好找一个僻静的地方去计算，尤其是不能有宠物和小孩。

动手制作一个你自己的日式算盘。

（你也可以在纸上简单地画出算盘的框架，并用硬币或纽扣当作算珠。）

珠框式算盘的另一个主要缺点是不能够插入额外的算珠。使用沟算盘时，只要不超出凹槽我们就可以放入任意多个计数石，这些计数石随后可能会被换算为更大的计数单位，但我们同样可以选择不换算。而通过日式算盘，我们能够对优雅的日本极简主义美学有所体验，除了绝对必要外不能有多余的算珠。从某种意义上说，这很不错：数总是以最简洁的形式显示，算珠少了算盘的重量也就轻了。当然从另一方面来说，这也意味着，我们必须在头脑中完成所有的换算工作。这足以让大多数人都害怕，因为这就意味着我们必须要进行大量的练习。当然，任何认真地做大量算术的人（例如 16 世纪的日本会计）每天都会进行相当多的练习，并逐渐形成习惯。或者如果你喜欢，你也可以去学校接受训练。

现在假设你是一个中世纪的日本米商，你已答应给天皇的妃嫔送去六十筐米（为节省空间这里以从左往右的方式书写数字，之所以将人物设置为妃嫔是为了让故事有趣）。查看库存，你发现第一个仓库里有二十七筐米，第二个仓库里有三十五筐米，那么你有足够的米送给妃嫔讨她们的欢心吗？（这就是人们做算术的原因之一。）

现在，我们需要将二十七与三十五这两个数相加，看其和是否超过六十。

下面首先用日式算盘来表示第一个数二十七，我们先将十档的两个下珠往上拨靠着横梁表示二十，然后将一档的两个下珠往上拨、一个上珠往下拨以表示七，最终算盘的样子如下所示。（这里我使用了上下两个词，由于算盘是水平放置的，所以对于打算盘的人来说算珠是远离和靠近。）

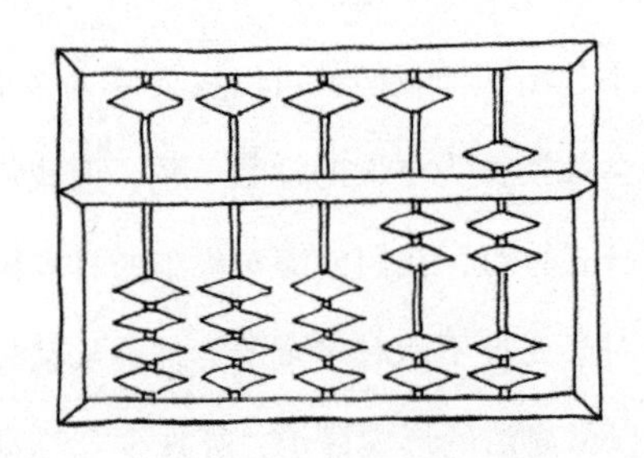

接下来我们要加上数三十五，即加上三个十和五个一。先从个位开始，加上五只需要简单地将一档上的上珠往下拨。可惜的是，一档上的上珠已经拨下来靠着横梁了（意味着它已经用于计数）。这里正是我们必须要变聪明的地方。为了加五，我们需要先加十然后再去掉五，也就是说需要继续向上拨动一个十档上的下珠靠近横梁，再将一档上表示五的上珠向上拨远离横梁（这样它就不用于计数了）。这样操作之后，算盘看上去如下所示：

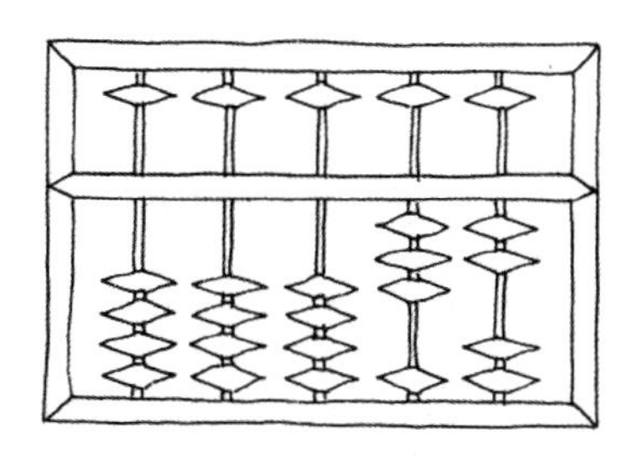

加完了五，只需要再加上剩下的三十就行了，所以我们准备继续向上拨动十档上的三个下珠，却发现剩下的算珠不够。这里又需要动动脑筋，我们的目的是要在十档上加三个下珠，我们可以通过加上五再减去二达到目的，对应的操作则是在十档上先向下拨动一个上珠再向下拨动两个下珠，最终的算盘如下所示：

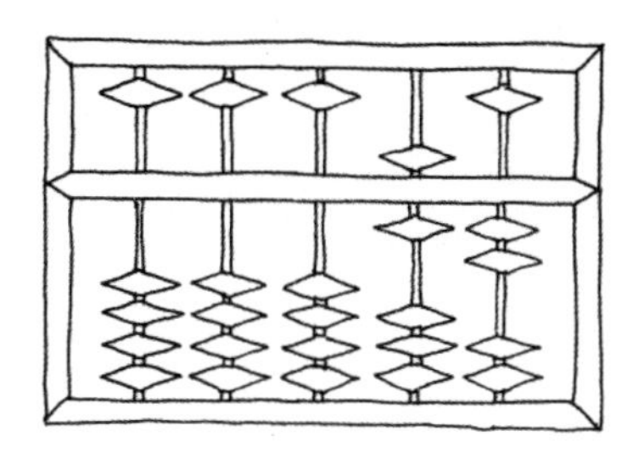

因此总的筐数是六十二，比我们需要的筐数多出了两筐。（你觉得如果多一筐米，会有嫔妃更欢喜吗？）

这就是使用日式算盘进行计算的过程，实际上这个过程是很有趣的，前提是掌握好使用方法。经常使用，你会变得聪明并富有创造力，而且拨动算珠的感觉也很好。然而，你必须要保持警惕，不可掉以轻心。

当然，使用日式算盘时一种减轻大脑压力的方法是增加一些算珠，例如中国算盘就是每个档上横梁下有五个算珠而横梁上有两个算珠。这就给了我们更多的回旋余地，不必总是在大脑中完成换算，其代价则是损失了一些数学上的优雅。更进一步，你也可以设计一个每个档上都有二十或三十个算珠的算盘（模仿有很多计数石的做法），但这样又会再次出现感知问题：我们很难区分出是有七个还是八个算珠。不管你会产生什么样的想法，其结果都会有利有弊，但有一点毫无疑问是确定的，那就是在真正适应之前，你必须要进行大量的练习。

如果让香蕉部落制作珠框式算盘会怎么样，他们的算盘会是什么样子？

印度

标值与位值系统的结合

通过前面的章节，我们对以下几种不同的算术系统有了一定的了解：我们虚构出的部落记数系统、埃及记数系统，以及古代罗马人和中国人（包括日本人）使用的记数系统。现在我们可以开始思考，我们到底想从这些记数系统中得到什么？是什么决定了一个系统要比另一个更好？我们应该从算盘里找到什么？如果我们想得到所有关于这方面的功利性和学术性的信息，我认为我们甚至可以将这种调查命名为“比较算术”。

对符号数字表示系统（即数字语言）来说，我们前面已经看到感知问题是它必须要解决的一个重要问题。如果不能一眼就看出来我们表示的是什么，那么我们提出的这种表示方案是没有太大意义的。这意味着我们在选择符号时需要谨慎，最终确定的符号既要容易区分，又要简单易写。

例如，大多数古埃及人在计算时，不会花 5 分钟仔细画出完美的莲花符号，相反，他们会用速记符号，即快速简单的曲线来完成工作。通常来说，数四会被写成一条简单的水平划线，而不是要花更多时间的四条垂直划线。这类事情在各种形式的语言和交流中始终都存在。我们都很懒，也容易厌烦，但我们总想把事情解决。

如果我们的书写系统使用重复，那么我们自然需要选择某种分组方案（例如堆叠或亚组），以便我们能够清楚都有什么。中国的记数系统很好地解决了这个问题，代价则是需要记住更多的符号。在选择分组大小时，我们需要谨慎一些。如果分组太大，那么将会存在大量潜在的零数，如此一来，我们要么是需要更多的亚组，要么是发明并学习大量的新符号。

例如，巴比伦人使用六十进制系统，也就是说他们的基本分组大小是六十。这也意味着有多达五十九个零数。由于没有人愿意去看由五十九个相同的楔形符号组成的字符串，所以必须要想出某种办法来解决感知问题。巴比伦人选择了十作为亚组的分组大小，并使用堆叠的方式来表示一到九。从这里我们看出，分组太大意味着必然会出现额外的麻烦。

另一方面，如果分组太小，尽管不会出现由重复造成的问题，但是当数变大时，情况会变得很烦人。例如，香蕉部落的记数系统在表示几十这个量级的数时表现得很好，但是当数变得非常大（比如说以百万计）时，我们将需要大量更高等级的分组符号，而且数的表示长度也会长得离谱。

我们似乎已经或多或少地达成了一个折中方案，即将十作为标准的分组大小（尽管面包店使用的仍然是打和罗这样的分组，一打十二个，一罗等于十二打）。就目前而言，这还不算太糟，但总的来说，我认为十有些大，八可能会更好一些。（很可能有一天外星八足动物会征服地球，强制我们去使用由他们精心设计的优雅的八进制系统。）

因此，我们评判书写系统的标准应该是，容易感知、阅读和书写，并有合理的分组大小。

那么，哪些是算盘这样的计算设备的重要特性呢？首先是便携。携带一个笨重的大理石沟算盘已经很让人讨厌了，更别提还要带上一袋子计数石。相比而言，轻便的日式算盘本身就自带算珠，能够直接放进口袋里随身携带，要方便很多。（一个更现代的例子是使用笔记本电脑。）

脆弱性则是另一个重要的问题，正如我们所看到的那样（尤其是担心猫触碰）。当然，这也是对日式算盘的一大权衡。也许最重要的是简单，即学会使用它有多简单？是像石子堆和计数硬币一样可以直接上手、简单易用，还是像日式算盘一样需要大量的训练和思考？

事实是，不存在最好的解决办法：每一种书面的和口头的数字语言，以及每一种人们曾经发明的算盘设备，都是优点和缺点共存的。毫无疑问，最好的方法是保持灵活和聪明，这样你就可以很容易地从一种算法转换为另外一种。实现这样的转换当然有一些工作要做，同时也需要你去关注。如果你不这样做，那么通常的策略就是，熟练掌握你所在的特定文化环境中的语言和算盘系统。幸运的是，你正好生活在一个信息处理的黄金时代，手持电子计算器使用方便、价格便宜、随处可见。生活在这样的时代，你真幸运！

另一方面，我们学习这些并不是为去当会计师。我们学习算术及其理论，不仅仅是为了学好它，更是为了获得开阔的视野，拓展自己的世界观，至少这是我喜欢学习的原因。另外，算术也很有趣。无论如何，作为算术鉴赏者，我们应该时刻保持质疑与批判，并以审视和游戏的态度来对待它。

所有这些都让我想到了接下来我想讨论的内容：印度算术，具体来说，是公元 6 世纪印度数学家所设计的大胆而独创的算术方法。在某些方面，这一体系结合了罗马和中国算术体系的最优特征（虽然据我所知，这两种文明都没有对印度文明产生直接影响。）

与中国算术系统一样，印度算术同样使用不同的符号，而没有采用堆叠或亚组的方法。分组大小同样是十，这就需要为数一到九选择出易于识别的书写符号。在传统的梵文（Devangari）中，数一到九的表示如下：

१	२	३	४	५	६	७	८	९
一	二	三	四	五	六	七	八	九

为了避免学习更多新的符号，我将用大家更为熟悉的（西方化的）阿拉伯数字来替代它们：

1　2　3　4　5　6　7　8　9

在你开始指责我掌握的历史知识不准确以及对文化问题不敏感之前，我需要先指出如下的事实：印度的地域范围很广，千百年来不同的地区和王国曾使用过各种各样的符号和文字。总之，早在公元 700 年，阿拉伯商人就引入了印度记数系统，并迅速利用自己的字母对它进行调整改造。所以为了避免重复，请允许我用大家更熟悉的阿拉伯数字符号来解释印度记数系统的工作原理。这一历史上重要的混合系统通常被称为印度－阿拉伯十进制位值系统。

与罗马人和中国人同时使用标值书写系统与位值算盘系统不同，印度人的创新之处在于，他们的书写系统从一开始就采用了位值系统。下面，我们首先绘制一个由垂直线组成的框架：

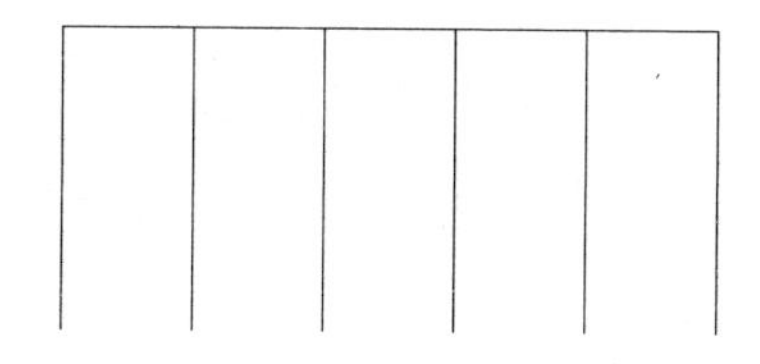

这样做的效果是将页面分成多个列，其理念是每一列对应一个不同的位值，就像沟算盘中的长凹槽或者算盘中的档。具体来说，最右边的列（或“位”）用于表示零数，也就是个位，右二列则表示十位，右三列表示百位，以此类推。因此，数四千九百七十二的表示如下所示：

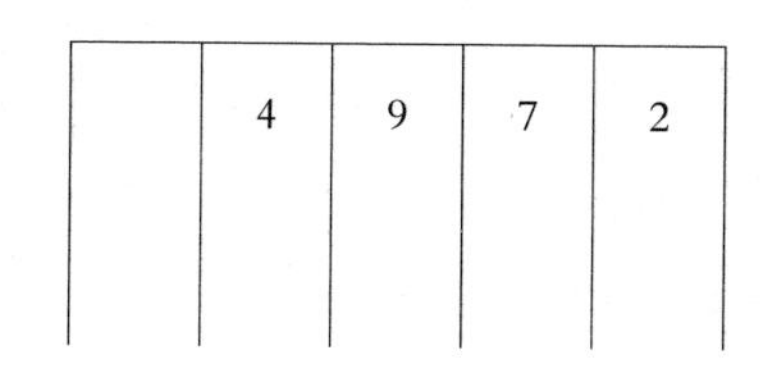

这里我们所做的其实就是将标值符号用于位值表示系统，其中每列的符号称为数字（digit，来自拉丁语 *digitus*，意为“手指”）。这真是一种两全其美的方法，每列有了对应的位值后我们就不再需要像 C 和百这样的分组符号，同时每列的标值符号又让我们可以不再依赖计数石和算珠了。这意味着，我们的书写系统同时就是一个算盘系统。谈到便携，我们的算盘现在就是一张纸和一支铅笔，而且再也不用担心猫来捣乱了。那么，我们要为这样舒适持久的便携付出什么呢？

当着手计算的时候，我们就知道了其中的权衡和代价。假设我们想让某个数加一，如果是使用沟算盘，我们只需要在 I 行凹槽中加一个计数石，而如果是使用日式算盘，则只需要向上拨一个算珠。但在这里，由于我们使用的是由铅笔和纸组成的印度 - 阿拉伯数字算盘，我们需要做的是全新的事情：改变个位列中的符号。

在罗马和中国的系统中，算盘与书面编码是分开的，我们可以使用有形的物体进行计算（并进行任何必要的重新调整），然后在计算完成后再将结果写下来。但印度 - 阿拉伯十进制位值系统的书写和计算是密不可分的，现在我们操控的不再是可移动的石子或可滑动的算珠，而是变换符号本身。这就意味着我们需要知道很多事情：比如，比二大一的数是三。换句话说，我们付出的代价是大量的记忆。

下面举个具体的例子，假设我们想让两个数相加，比如说二十四和十八。如果使用的是罗马沟算盘，我们只需要先将这两个数 XXIIII 和 XVIII 同时表示出来，一左一右，如下所示：

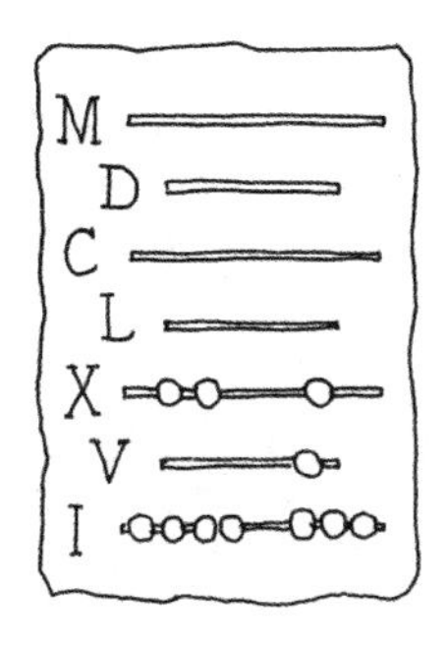

然后将五个 I 行的石子换算为一个 V 行的石子，此时 V 行就会有两个石子，再将这两个石子换算为 X 行的一个石子，这样我们就得到了最终的结果 XXXXII，整个计算过程并不需要太多的思考。

在日式算盘上进行同样的计算要更费脑筋一些，我们先在算盘上拨出二十四，如下所示：

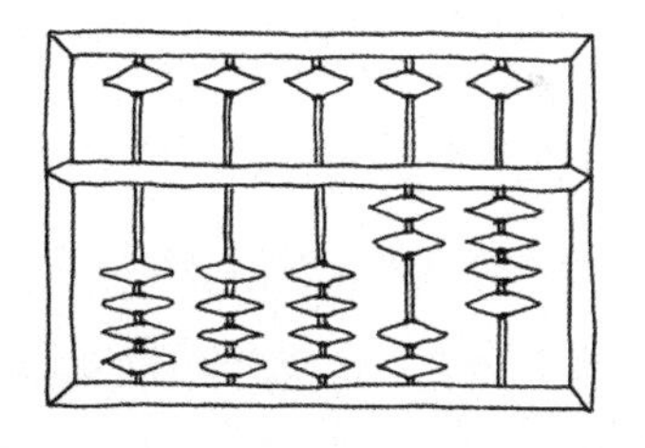

为了加上数十八，我们需要在十档向上拨动一个下珠加十，再在零数档通过向下拨动一个上珠以及向上拨动三个下珠加八。可惜的是，现在一档的四个下珠已经靠着横梁了，因此我们必须要聪明灵活些：通过加十再减二的方式加八，相应的操作则是在十档再向上拨一个下珠的同时在一档向下拨两个下珠，由此算出结果四十二。

现在使用印度－阿拉伯算盘（即数字），计算就变得更费脑筋了，既没有计数石可用，也没有算珠可拨。我们需要紧盯着这些符号，并了解它们的“行为”，由此我们引入了一个全新层次的抽象思维：用抽象符号代替可以用手去握的具体物体，这些抽象符号在我们的头脑中像糖梅仙女一样舞动着。

计算的通常做法是把两个数都写下来，一上一下，就像下面这样：

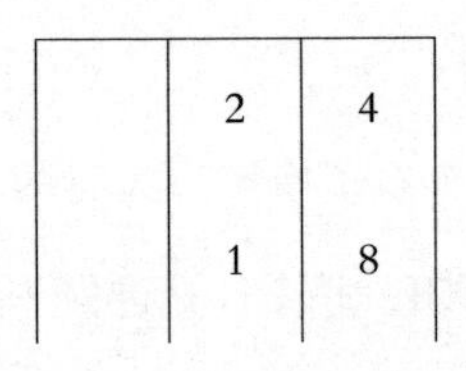

然后我们可以把它们的和写在下面。但是现在，整个换算过程必须在头脑中完成。我需要知道 4 和 8 相加等于 12，因为不再有石子或算珠这样的计算工具。下面我们分几个步骤完成计算，首先将两个数的个位相加，4 加 8 等于 12，也就是十位为 1，个位为 2，我们将这个数写在下一行。接下来，我们继续计算十位：2 加 1 等于 3，并将 3 继续写在下一行。最后，将两次相加的结果合在一起，所得和与预期相同：十位为 4 个位为 2。整个计算过程如下图所示：

	2	4	
	1	8	
	1	2	个位相加
	3		十位相加
	4	2	和

这里的关键是，我们需要一种方法计算出每列数的和，这个和并不是石子或算珠的总数，而是一个符号，该符号表示的是两个用符号表示的数的和。这是在已经相当抽象的表示系统上又增加了一层抽象。所以，当我们说 3 加 5 等于 8，我们所做的其实要比让石子堆相加更进一步。特别地，我们并没有在计数。符号 3 并不是任何具体的三个事物，而只是代表三个事物的代码。当我们让符号相加时，我们并没有将任何东西堆放到一起，而只是在操作和变换符号，以便它能够表示将东西堆放到一起后的结果。这无疑是一种更加抽象、更具挑战性的智力活动。

两个及以上的数求和通常用加号（+）来表示，该符号是文艺复兴时期“和”（and）的缩写；等号（=）则用来表示两边的数量是相等的。例如，我们写3+5=8，所有的信息都包含在这个简短而纯粹的等式里。类似地，减号（−）则用于表示减法，例如 8−5=3。这两个等式人们通常这样读，“三加五等于八”“八减五等于三”。[加（plus）和减（minus）是拉丁语中的“更多”（more）和“更少”（less）。]

无论如何，结果是我们需要记住一堆数字符号的和与差。特别是，我们需要知道从一到九任意两个数的和（以符号表示）。一种方法是把所有这些信息一劳永逸地都写在纸上做成加法表，每当我们想做算术时就将加法表拿出来查阅。这样，如果 8 加 4 恰好出现，我们就可以查阅加法表并知道其和等于 12。当然，我们也同样需要一张类似的减法表。（在紧要关头，如果需要的话，我们可以随时通过手指进行计算。）

制作一张印度－阿拉伯数字符号（1至9）的加法表和减法表，你注意到有什么规律吗？

尽管这样做可以让我们不去记忆大量的符号数据，但它很快就变得乏味又烦人。这也许是一种合理的开始方式，就像“每个好男孩都做得很好”（Every Good Boy Does Fine）作为一种记忆高音谱号的方法是有用的一样，但很快它就趋向变为学习的障碍而不再是助力。当我们学习阅读的时候，都有一个必要的初始阶段，那就是识读字母，记住单词并努力读出整个句子，而我们希望达到的目标是流利地阅读——不借助于任何外部手段，轻松地理解句子所要表达的内容。要达到快速识读字母的目的，我们需要经过数百次的练习。学习印度－阿拉伯十进制位值系统也不例外，要想熟练掌握，我们同样需要付出大量的努力。

人们通常都会犯这样的错误（除了试图在孩子对某件事情感兴趣之前就想把它教给他们以外），就是他们尝试去强行记忆，而实际上这并不是一种好的记忆大量信息的方法。我想，如果出于某种原因，你必须要在明天早晨之前记住美国50个州的首府，那么也许你只能用某种方式将它们塞到头脑里（现在你已经知道肯塔基州的首府是法兰克福，不妨想想那个已经打开的充满创造智力可能性的全新世界吧！）

然而，这样去记忆信息并不好，尤其是像印度－阿拉伯数字之和这样高度模式化又相互关联的信息。学习这样内容的最好方法就是经常与它们游戏，我们会从经验中慢慢地熟悉其中的规律。有时你可能会发现自己全忘记了，不得不从头开始，没有关系这都很正常，同样的事情也会发生在阅读乐谱（有时我还会搞乱低音谱号）和拼写上面，而这正是字典的作用。

事实上，计算时出现卡壳（比如说 7+8）就是能够发生的最好的事情之一，因为它给了我们一个机会去重塑和欣赏我们到底是在做什么：我们在重新排列数字信息以便进行比较。你有一些东西，（你数了一下）是 7 个加上另外 8 个，这是对你所拥有的东西完整而明确的描述，因此我们没有必要去做任何事情。换句话说，数 7+8 并不是一个需要解决或者寻求答案的问题，它只是一个数字而已。当然，如果你想要用它和别的东西比较的话，那就是另外一件事了，现在我们可能需要重新调整数的表现形式，以便使它更方便进行比较。比如，我们可能想知道这里的鸡蛋（假设是一只母鸡下的 7 个蛋加上另外一只母鸡下的 8 个蛋）能否装进一个规格为一打的鸡蛋盒里——也就是说 7 加 8 是否要比 12 多。

如果我们希望使用印度 – 阿拉伯十进制位值系统，那么其实我们是想通过对应的符号将数表示出来，即把数分成十个一组然后看有多少个整组以及还剩多少零头。所以，现在问题就变成了：当我们将 7 和 8 合到一起时，会有多少个以十个为一组的整组同时还剩余多少零头？

遇到这样的问题，我会采取下面这样的做法：从中选任一个数比如 8，然后问自己需要怎样做才能将它变成 10 的整数倍，具体到这里则需要加 2。如果是用石子计数的话，我就需要从有 7 个石子的那一堆里取走两个移到有 8 个石子的那一堆，这样就组成了一组

10个，同时有7个石子的那一堆就变成了只有5个石子。所以现在有一组10个之外还剩余5个，也就是15个。因此，当我们说7加8等于15时，我们真正要说的是7和8放在一起可以重新组合成一组十外加五。事实上，十五就是十和五合在一起。

因此，如果你想使用印度－阿拉伯十进制位值系统（并想达到任何真正意义上运算自如的程度），那么你就必须学会与小的数字打交道、交朋友，了解它们是如何组成各种大小的分组的，特别是分组大小为十的组。通过仔细观察并找出巧妙的方法对各个数进行重新排列，实际上是一件很有趣并能获得满足感的事情。例如，我想将7，8，4，3，2和5这样一组数加起来，如果能够注意到7加3刚好组成一个整组，8加2可以组成另外一个整组，而剩下的4和5相加等于9，那么整个计算过程就很有意思，最终我得到两个整组并剩余9个，也就是29。二十九这个词正好反映了这样的分组信息，因为二十就是两个十。

无论如何，我的观点是，经过一段时间的练习之后，你会非常熟悉新朋友的行为。你无须刻意去记忆任何东西，当然，如果你愿意也没有人会阻止你。

为香蕉部落设计一个印度风格的记数系统，该系统需要的符号要少得多。你学会计算各种数字的和了吗？

假设我们已经掌握了所有一位数的和或者手头有一张这样的表，为了向你展示这种新系统的灵活性和便利性，我们来看看下面这个问题：能否将一千八百零四磅重的大象和六百九十七磅重的大猩猩安全地放到载重两千五百磅的货运电梯上？

我们先在计算框中写上这两个数：

	1	8		4
		6	9	7

需要注意的是，这里的第一个数刚好没有十位而第二个数则没有千位，因此相应的列为空格。

现在我们可以开始求和了。为了让你知道在这里你有自己的选择，我们从百位开始计算。由于（不管通过什么方法）我们知道 6 加 8 等 14（也就是一个组十外还多余四个零头），因此我们有 14 个一百。同样，再看个位，由于 4 加 7 等于 11（7 个加上从 4 个中拿出来的 3 个组成一组十个，另外还剩一个），因此“个位”等于 11。

因此，这里我们完全可以说，我们求得的和是一千，十四个一百,九十又十一。这样的结果可能让人有些疑惑，但绝对不是错误的。它只不过没有化简好，不方便比较而已。如果愿意，我们甚至可以这样写：

	1	8		4
		6	9	7
	1	14	9	11

这与将两个数放在沟算盘的同一个凹槽里然后再将每行的数加起来很像，其中的关键是如果想要得到尽可能简洁的结果，我们就需要去做一些换算。如果使用的是沟算盘或者日式算盘，这就意味着需要移动一些石子或者算珠，在某个地方拿走一些加到其他地方去。

当使用印度－阿拉伯数字算盘时，这意味着我们需要重新解释这些符号。我们不需要将十个便士兑换为一个十便士，也不需要用X行的一个石子去替换I行的十个石子，我们只需要简单地将个位列上的十理解为十位列上的一。同样，百位列上的十则可以认为是千位列上的一。

因此，上面所得到的和值用另一种方法表示则是：

	1	8		4	
		6	9	7	
	1				千位和
	1	4			百位和
			9		十位和
			1	1	个位和

这里，我分别对每一列进行了求和，并将每列的和写了出来。然而，我并没有在百位列中写上14，而是对它进行了全新诠释，将百位列上的十换成了千位列上的一，并对个位列的11进行了同样的处理。可以说，这是我们所得和值的另外一种书写形式。当然，像这种数字分散在好几行同样不是最简洁的形式，因此我们仍然有

一些工作要做，即继续对每一列求和：

	1	8		4	
		6	9	7	
	1				换算后的
	1	4			每列和
			9		
			1	1	

	2	4			和值
		1			汇总
				1	
	2	5		1	最终和值

注意，这里十位列的加和刚好形成了一组十（也就是一百），没有多余的十。最终我们求得的和值为2501，稍微超出了货运电梯的载重。这很不错，我们在将动物装进货运电梯之前就把问题搞清楚了。

现在，你可能已经注意到前面计算过程中伴随着的沮丧和反感。是的，这个计算太长了，而且效率有些低下。这些都是意料之中的事情，通常我们第一次去做一件事情时，情况都会有些乱。事实上，过去15个世纪以来，这个记数系统已经有了很多改进，既有符号方面的也有计算过程方面的。

如果你比较认真细致的话，相信你已经注意到其中一个很明显的改进就是去掉了框线，按位对齐去写数字，如下所示：

```
1 8   4
  6 9 7
```

这样做既省时又省力，而且视觉效果也更简洁。当然，这个方案也存在一些问题，最明显的是，它给书写者带来了额外的负担，它要求书写者保持整洁并且拥有很好的书写技艺。如果你做不到，那么我建议你最好保留框线，比如将印有横线的笔记本侧过来使用。

去掉框线而产生的另一个大问题是可能会出现歧义：如果我写的是2 8（我给了2和8足够的空间），那么我表达的到底是二十八,二百零八，还是二千零八呢？其中的空白重要吗？我们不能够使用要求在符号之间留出空白的书面系统，这样做实在是太懒、太草率了。

于是，印度的算术家想出了一种奇妙有趣并具有革命性的解决方法：创造一个新符号，用它来表示空位。只需要稍微扩展一下数字语言使其包含“空白”或者占位符号，这样我们就能够判断某列是否为空（而不是连续符号之间的空白）。

我认为出现一个仅代表空位的符号既很聪明又有些奇怪。这不仅意味着在我们的记数系统中增加了一个新符号，还意味着我们在数量世界中微妙地增加了一个新数：0，即当你根本没有柠檬时你拥有的柠檬数量。显然，这并不是一个很难察觉的数量（我知道自己什么时候破产了，也知道什么时候巧克力吃完了），也并不是一个特别复杂或难以处理的数量。正如歌词中所说，从无中来，终归于无

(nothing from nothing leaves nothing)。

当然，零作为一个数并没有太多实际的实用价值，它在印度－阿拉伯系统中主要是作为占位符而存在，有了它我们就知道了其他符号之间的相互位置，从而确定整个数表示的意义。我确信你知道零对应的印度－阿拉伯符号是 0。(这可能会让人产生困惑，因为它看起来很像字母 O，但这其实是我们在使用罗马字母将阿拉伯符号引入盎格鲁－撒克逊语时所得到的结果。)

现在，我们可以完全不依靠框线而自由地写数字了，如果想表示空列，我们只需要写上新加入的符号 0。28、208 与 2008 之间再也不会发生混淆了。

既然现在我们谈到了零这个话题，我想说，我从来没有完全理解为什么人们认为这是一件特别重大的事情。由于某种原因，人们似乎都将“零的发明”视为一件具有里程碑意义的事件，不仅是在算术发展史上同时也在人类文明发展史上。我想说，这简直是胡说八道，而且我还要进一步表达我的看法。零的产生让我们省去了框线，仅此而已。我承认，这个想法很好，但是零本身并不是一个突破性的概念，符号位值系统才是突破性的概念——不管是有框线的还是无框线的。

另一种改进印度－阿拉伯数字求和的方法是，始终从右向左操作以减少换算的次数。我们先从最右侧的个位列开始，看它们的和值能否产生任何十位，接着在十位列上重复同样的过程，以此类推。这样，一旦某一列换算完成，就再也不用回到该列。还是前面所举的例子，下面我们使用更有效的方法求和：

```
 1 8 0 4
   6 9 7
--------
       1
```

从右边（即个位）开始，4 加 7 等于 11，也就是一个整组外还剩一个，因此我们写上剩余的 1，如上图所示。现在，我们要记住刚刚求和得到了一个整组 10（这是关键），这意味着十位上要比上图所写的 9 多 1，也就是我们有 10 个整组十。（注意，这些计算都在我们的大脑中完成。）换句话说就是一百，十位上没有多余的整组，这就是说十位列为空，我们写下这一结果：

```
 1 8 0 4
   6 9 7
--------
     0 1
```

在这里，我们必须要记住我们刚刚将 10 个 10 换算成了 100。少写多想，这些都是换算的诀窍。

接下来我们来看百位列，我们知道 8 加 6 等于 14，同时还有前面换算时得到的 100，因此一共有 15 个 100，也就是除了 10 个 100，即 1000 外，还有 5 个 100。所以，我们将多余的 5 个 100 写下来，如下所示：

```
 1 8 0 4
   6 9 7
--------
   5 0 1
```

我们需要继续保持清醒的头脑，记住刚刚计算时多出来的 1000。

这个 1000 加上已经写在纸上的 1000，一共是 2000，至此，我们完成了整个求和计算，最终所得结果为：

$$\begin{array}{r} 1\ 8\ 0\ 4 \\ \underline{\quad 6\ 9\ 7} \\ 2\ 5\ 0\ 1 \end{array}$$

现在，整个计算过程要更快一些，需要写下来的也更少。当然，代价是这个过程对我们的记忆力也提出了更高的要求。那么，实际上我们需要记住哪些内容呢？

假设我们只是将几个数加在一起，最糟糕的情况也无非就是某个列“溢出”并在下一列上产生附加的值。也就是说，我们只需要记住某个列之和是否超过十而造成了溢出。这真的很难吗？

我喜欢这样去设想这一计算过程：我手里拿着一根针在缝纫（这里并不需要假想的线），先用针穿过个位列（从上到下），将该列的数汇总起来，如下所示：

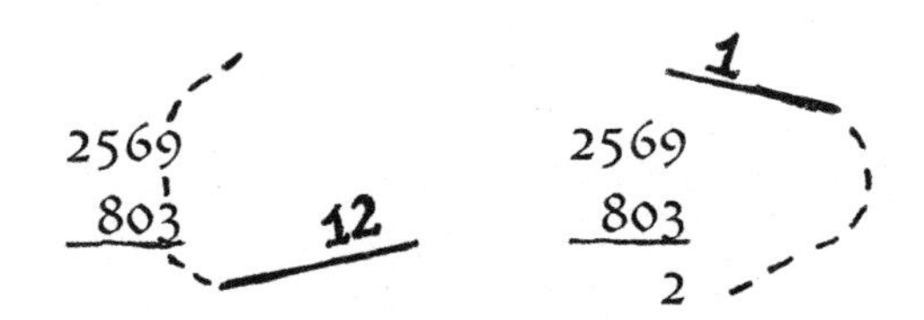

因此，第一针先穿过 9，再穿过 3，两者相加等于 12，然后将零头（这里是 2）留在这列，并将剩下的 1 带走（因为它表示一个整组 10）。接着第二针又回到下一列的上方，此时针上的 1 将被当作该列

的一部分而需要被纳入计算。（这里巧妙地处理了换算和重新解释的过程，因为这个1之前在个位列时表示的10，而现在位于十位列只表示1。）

这一过程通常被称为进位（carrying），这里我们假想的针则在字面意义上携带着（carrying）1。然后我们要做的则是"激活"进位1把它加到针所在列最上面的数上，所以这里6（在头脑里）变成了7，接着继续重复这一过程，直到最后一列（即最左边的列）结束。

这里的关键在于，在每次"缝针"时我都需要记住针上是否携带有1。这个比喻还强调了印度－阿拉伯数字的机械性，让人感觉它有些像编织、缝纫或者其他休闲用的手工艺品。无论如何，我喜欢这样去想。好消息是，这样做速度很快，也没有太多的脑力负担，而且能够完成工作。

当然，即使是这样小的脑力消耗在有些人看来仍然太多，出于某种原因他们不相信自己能够记住针上所携带的数。事实上，很多人都被训练在相应的列上写下更小的1，以此确保他们不会忘记：

```
1   1
2 5 6 9
  8 0 3
-------
3 3 7 2
```

我一直觉得这样做有些傻，要记住一秒钟前求和得到的进位，这很困难吗？你当然可以按照自己的想法去做，但如果你想达到真正的熟练，你就需要放弃将进位用更小的数写出来的做法。此外，它们还会影响纸张的整洁，混淆原来的数字。因此我的建议是，如果你想这样做，那么不妨使用其他的工具比如沟算盘或计数硬币，如此一来你就不用记忆任何东西了（当然换算比除外）。

当然，当有三个或者更多的数相加时，事情就会变得复杂起来。例如，如果要求 3278、867 与 2389 这三个数的和，我们首先像往常一样将各数按位对齐：

$$\begin{array}{cccc} 3 & 2 & 7 & 8 \\ & 8 & 6 & 7 \\ 2 & 3 & 8 & 9 \\ \hline \end{array}$$

然后第一针穿过时会遇到 8、7 和 9，它们的和等于 24。（即使在这个阶段，我们也要注意进位。）丢下零头 4，针上留下 2 后我们接着开始第二针：

$$\begin{array}{cccc} 3 & 2 & 7 & 8 \\ & 8 & 6 & 7 \\ 2 & 3 & 8 & 9 \\ \hline & & & 4 \end{array}$$

此时针上留下的 2 会将 7 变成 9，再加上 6 和 8 就是 23，与前面的操作相同，我们直接将零头 3 写下来而把 2 留在针上：

$$\begin{array}{cccc} 3 & 2 & 7 & 8 \\ & 8 & 6 & 7 \\ 2 & 3 & 8 & 9 \\ \hline & & 3 & 4 \end{array}$$

继续计算，进位2加上第三列（从右向左数）的2、8和3，所得和等于15，我们继续将零头5写下来并将进位1加到最后一列，由此得到千位列的值6。最终结果如下所示：

```
 3 2 7 8
   8 6 7
 2 3 8 9
 -------
 6 5 3 4
```

至此，我们完成了全部计算。同样的计算方法适用于任意多个数的加法，唯一的困难在于你需要记住每列的和。无论你是否愿意去掌握这些内容，知道这一方法是通用的仍然值得我们高兴。

当然，很多人（包括我自己）在计算时都经常省去系统的程序，只是在头脑里进行重新排列和换算："我们来看看2569+803，2500再加上800也就是3300，这两个数的十位和个位分别相加所得结果为60和12，一共是72，因此总和为3372，计算完成。"自然，进行这类计算时需要我们集中注意力并有一定的经验，但这的确是大多数人都能做到的事情。

有时，虽然可能面临需要对某一列进行重新换算的情况，我还是更喜欢从左向右计算，因为很多时候只需要计算最高的几位我就已经发现和值太大了，不需要继续计算了。不管怎样，关键是你可以而且应该按照自己的想法去做，尤其是在你已经形成了自己的计算习惯之后。

假设你是一个在10世纪从事地中海贸易的阿拉伯商人，

你拥有两艘货船，分别能够载重800吨和825吨。现在你需要运输的货物有：

香料152吨

地毯721吨

茶叶312吨

丝绸465吨

请问你的船能够装下所有这些货物吗？

说完了加法，现在让我们来看看印度－阿拉伯十进制位值系统中的减法。这就意味着我们有一大堆新的符号“数字事实”需要记忆（例如，从12中拿走7个还剩下5个）。同样，学习这些内容的最好方法并不是尝试，而是利用石子或手指将其计算出来，这样过一段时间后你就完全理解了。即使理解不了，也算不上什么大问题，我相信你每次阅读的时候都会碰到一些需要去查的单词，不管怎么做似乎都记不住它们的意思。比如，我就总是记不住ontological（本体论的）这个词。（该死！我又需要再查一次字典。）

假设我们通过经验已经知道了所有比较小的数之间的差（如果我们的分组大小是五或六，这会相当简单，很可惜不是），现在的问题是，在我们进行减法时头脑中的换算过程会是什么样子？

设想我们是生活于12世纪的阿拉伯丝绸商人，我们用船往那不勒斯运了1876匹橘黄色丝绸与1422匹靛蓝染色丝绸，目前这两种颜色的丝绸已经分别卖掉了1551匹和973匹，请问我们还有多少存货？

我们先来看橘黄色丝绸，当然大多数有经验的商人都会在头脑中进行这样的计算，这里假设我们对自己的计算能力还不太自信。通常的做法是将这两个数都写下来，大数在上小数在下（这样的安排其实并不重要），如下所示：

$$\begin{array}{r} 1\ 8\ 7\ 6 \\ \underline{1\ 5\ 5\ 1} \end{array}$$

如果使用沟算盘的话，我们只需要从各凹槽中拿走相应数量的石子：从I行拿走一个石子，再从L行和D行分别拿走一个，最后从M行拿走一个。然而，现在变成了纯符号性的计算，也就意味着需要通过记忆去计算：

$$\begin{array}{r} 1\ 8\ 7\ 6 \\ \underline{1\ 5\ 5\ 1} \\ 3\ 2\ 5 \end{array}$$

如果我们刚好知道小数字之间的差，那么我们就可以将结果直接写下来：6减1等于5，7减5等于2，而8减5则等于3。因此，我们还剩325匹橘黄色丝绸。

接着来看靛蓝染色丝绸，计算要稍微复杂一些。我们先将两个数按位对齐写下来：

$$\begin{array}{r} 1\ 4\ 2\ 2 \\ \underline{9\ 7\ 3} \end{array}$$

如果使用的是沟算盘或者日式算盘，我们就需要开始换算了。

例如使用沟算盘时，在I行上我们只有2个石子，但却需要拿走3个，因此需要将1个X行上的石子换算为10个I行上的石子（或者如果你想节省时间，也可以换算成1个V行上的石子和5个I行上的石子）。现在，I行上有足够的石子可以让我们拿走3个了。因此，在使用沟算盘进行减法运算时，我们需要将部分高位数换算成低位数从而使低位数足够减，当然这实际上并没有改变数的量而只是改变了其外在形式。

如果使用的是日式算盘，我们则需要进行类似但却稍微复杂一些的操作：从十档上往下拨一个下珠使其离开横梁不再计数，然后头脑中想着要拨10个一档的下珠上去的同时还要减去3个，其结果与拨7个一档上的下珠上去相同，因此我们需要向下拨1个上珠的同时向上拨两个下珠。

而在使用印度－阿拉伯数字时，所有这些换算都必须在我们的头脑中进行：从十位上拿走1（因此现在十位上只剩下1），把它换算成个位上的10（因此现在个位上是12），减去3还剩下9，我们将这一步的结果写下来：

$$\begin{array}{r} 1\ 4\ 2\ 2 \\ 9\ 7\ 3 \\ \hline 9 \end{array}$$

现在，唯一让人稍微有些困惑的是十位上的2实际上已经变成了1，因为我们刚刚借走了1用于换算。[这一过程通常被称为借位（borrowing），但实际上它更多的是一种换算而不是借数，无论如何，我们已经将借位还回去了。]

有些人甚至直接把 2 划掉并在上面写上较小的 1，如下所示：

$$\begin{array}{r} 1 \\ 1\ 4\ \not{2}\ 2 \\ 9\ 7\ 3 \\ \hline 9 \end{array}$$

我想，人们这样做是出于害怕，害怕自己会忘记两秒钟之前所做的换算，但对我来说这样做有些荒唐。首先，这会让我们的计算速度慢下来，更糟糕的是，它将我们特别感兴趣的数字都搞乱了。难道记住你刚才做了什么真的很难吗？即使你必须要这样做，为什么不简单地在所借位的数字上方加一个点或者用其他别的什么标记来表明其实际值要小一呢？

我的建议是，不要使用这些意义不大且耗时的标记，直接往下计算。就像前面我们需要记住针头上是不是有进位一样，这里我们则需要注意是否有借位（或者别的什么你愿意的称呼）即可。

因此，现在十位列只有 1 却要减去 7，我们还需要进行一次换算，从百位列借 1 换算成十位列的 10（这才是 100 的真正含义，即十组 10），由此十位列变成了 11，可以很容易地减去 7，减去后十位列所剩值为 4：

$$\begin{array}{r} 1\ 4\ 2\ 2 \\ 9\ 7\ 3 \\ \hline 4\ 9 \end{array}$$

计算进行得非常顺利，现在我们只需要意识到这样一个事实，即百位列上的4应该被看成3。由于接下来百位上要减去9，因此我们还需要继续换算：将千位上的1换算成10个100，因此一共有13个100，减去9个，还剩下4个，最终所得结果如下：

$$\begin{array}{r} 1\ 4\ 2\ 2 \\ 9\ 7\ 3 \\ \hline 4\ 4\ 9 \end{array}$$

虽然初看起来有些复杂——我们需要记住很多符号信息，还要在头脑中换算，记住我们做过的事情并让数按位对齐，但是经过一段时间的练习后这些都会变得非常容易，同时更加有趣。就像前面我所说的那样，实际上我们是在用符号进行编织：为数不多的基本动作被反复利用以产生一些有价值的东西，这里产生的是信息。例如，现在我们知道了还剩下449匹靛蓝染色丝绸，因此我们就不能承诺交付450匹。

假设由于一场大火烧掉了449匹靛蓝染色丝绸中的288匹，此外飞蛾又毁掉了另外75匹，请问现在还有足够的丝绸来满足苏丹一笔84匹的订单吗？

关于印度－阿拉伯十进制位值系统，值得注意的一件事情是，高位与相邻的低位之间的换算比是统一的，高位列上的1总等于相邻低位列上的10。与沟算盘不同，并不存在什么亚组，每次换算其换算比都是相同的。一旦掌握了这一点，那么我们无论处理的是十位列还是百万位列，其过程总是相同的。可以说这是一个非常好的性质。

此外还有一种情况下，事情可能会变得有些混乱，那就是当某一列不够减需要向相邻的高位列借位时，高位列却是空的，也就是说，相邻的高位列没有数可以换算。例如，假设我们遇到下面这样的减法：

$$\begin{array}{r} 2\ 0\ 5\ 7 \\ 3\ 8\ 6 \\ \hline 1 \end{array}$$

现在我们在计算第二列（从右向左，即十位列），这列上的数为5而我们需要减去8，通常的做法是从百位列上借1，这样十位列就变成了15，但可惜的是，百位列上只有0根本无数可借。

当然，如果是罗马人遇到这样的问题，他一定会从M行中拿走一个石子换算成10个100，这样就有足够的石子了。对我们来说，这意味着需要在头脑中将百位列上的0视为10，同时将千位列上的2变成1：

纸上的2057 ⇨ 头脑中的1 10 5 7

现在百位列上有足够的数了，我们可以很容易借1换成十位列上的10：

1 10 5 7 ⇨ 1 9 15 7

从本质上来说，我们认为 2057 就是 1900 又 157。因此，当有零存在时，我们可能就要消耗更多的脑力。最重要的则是要弄清楚自己在做什么，而不感到困惑。对于日常的编织工作来说同样如此，我们偶尔会掉一针，不得不退回去一点，这正是乐趣的一部分。因此，将这一步的计算写下来就是：

$$\begin{array}{r} 2\ 0\ 5\ 7 \\ 3\ 8\ 6 \\ \hline 7\ 1 \end{array}$$

这里由于我们从百位列上借了 1，所以十位列上有 15 个 10，减去 8 还剩下 7。同时我们必须清醒地认识到，现在千位列上只剩下 1 而百位列上则还剩下 9，最终我们所得的结果为：

$$\begin{array}{r} 2\ 0\ 5\ 7 \\ 3\ 8\ 6 \\ \hline 1\ 6\ 7\ 1 \end{array}$$

此时，我喜欢将下面的两个数快速相加以确保它们的和等于最上面的数，因为这两个数应该相等。相对减法来说，我在计算加法时速度更快，所以对我而言这是一种很简单的验算方法。果然，一切都很顺利！

一般来说，在做减法时，被减数各个位列上的数字较大总是好的，因为这样就可以减少换算的次数。我还允许让十几甚至是二十几这样的数在头脑中只占据一列，例如，如果我需要先将两个数相加然后再减去一个数，比如说 453 加 866 再减 395。遇到这样的计算时，通常我都不需要进行换算，453 加 866 等于 12 11 9（也就是 12 个 100 加 11 个 10 再加 9），再用它减去 395，很容易就得到 924。无论如何，真正的掌握意味着你可以驾驭任何表现形式，而且常常会创造出自己的表现方法。你也可以这样去做。

5003−2684 与 4086−1767 这两个数，哪个数更大？

我想我在这里（以及整本书里）的真正观点是，编码和处理数字信息的优秀策略有很多，你可以用任何你认为合适的方式使用它们。与其从系统和规则的角度去考虑，不如将它们都看成是你可以选择的选项和工具。如果我们愿意的话，并没有任何规则说十位列上的数不能够是 47，唯一的问题是你是否真的明白自己想表达的意思以及自己想要什么。所以，你可以尽情地尝试、玩耍！

关于印度－阿拉伯十进制位值系统，另一件值得注意的事情是，我们已有的这套完整的位值符号表示系统（同时它也可以作为轻巧耐用的算盘），几乎可以毫不费力地扩展到更大的数量上。埃及人、罗马人以及日本人在遇到新的更大分组时需要增加新的符号，相比而言，印度－阿拉伯系统就不存在这样的问题。对这个系统来说，唯一需要做的就是增加更多的列，而这相当简单。理论上，使用下面这样的天文数字完全没有任何问题：

180224600381257928805

有趣的是，无论我们是否可以想象或者理解，我们的系统都允许我们如此简单地写出并计算这样大的数。

当然，还存在一个如何说出这样大的数字的问题。从某种程度上来说，这给我们带来了一种新的感知问题。当然，这并不太重要，因为这些数字序列本身就包含了所有的信息。从某种意义上来说，实际上没有必要去使用像十、百、千这样的词语，我们可以直接将 328 说成是“三二八”而不是“三百二十八”（人们有时就经常这样说）。

事实上，人们已经造出了百万（million）、十亿（billion）和万亿（trillion）这样的词语，甚至是更荒谬的“十万亿”（octillion）这样的伪词，来称呼越来越大的位值。在英语中，通常的做法是将一个数的所有位按照每三位一组（注意这里我们分组的大小），并为每个组发明一个新的分组名。因此，像 40261396 这样的数用空格分隔后写为 40 261 396，读作“四十个百万，两百六十一个千，三百九十六”（这是按照英语习惯的读法，汉语中这个数的正确读法是“四千零二十六万一千三百九十六”——译者注）。习惯上我们用逗号分隔这些组（至少在美国是这样），也就是说，将前面的数写作 40,261,396，但是这一习惯似乎正在消失。而在欧洲，点号经常被用作分隔符，这样前面的数就写作 40.261.396。让人好奇的是，在亚洲很多国家，通常会按每四位一组并为每个组引入一个新的计量名称。(例如汉语中的万和亿，就是按每四位一组新引入的计量单位，更大的单位则有万亿和兆。在国家标准《出版物上数字用法》中，四位以上的阿拉伯数字为便于阅读可以采用两种分节方式，分别是千分撇与千分空，与本书中所说的用逗号或空格分隔数字相同。标准中采用按千去分，一方面是受欧美国家做法的影响便于中国的国际交流，另一方面则与中国传统的按万去分的做法不同。——译者注)

假设外星八足动物占领了地球并决定使用八进制，幸运的是，它们允许我们继续保留数字符号 01234567，那么在新的八进制中我们如何表示十进制数 273？

欧洲

公制系统与小数

经过前面章节的介绍，我们准备的简明算术“野史”已经到了这样一个节点，事情开始变得熟悉起来了，我认为这个时候我们更应该保持清醒的意识和头脑。这并不是因为熟悉的问题会滋生轻蔑，而在于它会使我们丧失客观的判断力。我们从小就生活在使用印度－阿拉伯十进制位值系统的环境中，一直被这些特殊的数字符号、数字序列以及我们对它们的命名包围，这就颇容易使我们丧失大局观，让习惯（更不用说学校教育）来代替理解。

特别是，我想确保我们能够清醒地认识到数本身（即抽象的数量）与由文化所决定的数的表示之间的区别。我们所使用的印度－阿拉伯符号编码本身并非神圣不可侵犯，它只是人类发明的众多记数系统中的一个，虽然它确实被人类广泛使用，但它绝对不是唯一一个被普遍使用的系统。例如，公制系统我们提到的五栅门系统也很流行。

数存在着各种各样的表示方式，不管我们对这些选择的优缺点有什么样的看法，我可以告诉你有一点是肯定的，那就是数本身并不在乎这些。数六既对我们用什么名字称呼它不感兴趣，也对我们用什么样的字迹来表示它毫不在乎。六就是六，或者说，六是体现数六性质的实体。六是偶数，它等于五加一，这些都是它独立于语言和文化的内在属性。6 看起来像是倒过来的 9，这其实并不是关于数六的陈述，只是关于阿拉伯数字 6 样子的描述。我们越是能退一步，从语言中解放出来（特别是选定十作为分组大小），我们的观点就会越灵活、越数学化。

作为一个数学家，我并不认为数是符号性的，也不认为它必然就是数量。对我而言，数是具有习性的生物，我愿意花时间去观察、研究并试图理解这些习性。根据特定的情况，我可能会选择使用符号来表示一个数，但是我做出的选择更多的是遵循我自己的目的和审美，而不是看我所在时代的商店店主们都在使用什么。这里我想表达的是，我们需要警惕，不要让对某个系统的熟悉蒙蔽了我们的双眼，使我们认识不到它的任意性（arbitrariness）。

印度 – 阿拉伯十进制位值系统于 13 世纪初引入欧洲，在这种新的算术系统的推广和普及中发挥了重要作用的是《计算之书》（*Liber Abaci*）一书。该书由数学家比萨的列奥纳多（Leonardo of Pisa）所著，他也被称为斐波那契（Fibonacci）。可以说，这是欧洲第一本算术教科书。

尽管印度 – 阿拉伯系统明显优于笨拙的罗马记数系统，并很快得到了学者和专业会计师的认可，但是在普通民众中的普及却很缓慢。即使到了18世纪，受过良好教育的成年人仍然觉得它让人困惑，过于技术化。

最终，这种符号计算系统由于无须使用石子、算珠或硬币所带来的便利性，再加上廉价纸张的日益普及，战胜了人们不愿意学习新知识的心理。（我想知道现在人们对进一步改进系统的不愿意程度有多高？）

事实上，在1789年法国大革命之后，有人提出了一个改进方案。当时新政府热衷于消除所有古代政权的残余，投票废除了自罗马时代就已经存在的旧的度量衡制度，取而代之的则是更现代、更理性、更科学的度量衡制度，通常称之为公制（metric system）。

当时的理念是，如果我们要采用一种以十为分组大小的数字表示方案——到了18世纪末，印度－阿拉伯十进制位值系统无疑已经成为整个欧洲大部分地区的传统选择——那么我们将所有的度量单位都按照类似的方式组织起来就是很有意义的。

因此，不同于大革命前的一英里（mile）等于八浪（furlong），一浪等于二百二十码（yard），一码等于三英尺（foot），一英尺等于十二英寸（inch，英寸又可以进一步细分为四分之一英寸，八分之一英寸和十六分之一英寸），革命政府采纳了当时主要科学家的建议，采用了一套以十进制为核心的单位制：1千米（kilometer）等于10个百米（hectometer），1个百米等于10个10米（decameter），10米等于10个1米（meter），1米又可以再分为10个分米（decimeter），1分米又等于10厘米（centimeter），1厘米则又等于10毫米（millimeter）。如此一来，单位分组和细分的方式就与记数系统的分组大小变得一致了。这里重要的并不是数十本身，而是分组的一致性。其实无论是数的表示还是度量单位，我们完全可以选择八作为分组大小，这个选择可以说是再方便不过了。

需要注意的是，所有这些公制单位在实际生活中并非同样有用，同样受到欢迎：千米和米的使用很常见，百米却几乎没有人使用。至于米的一半，大多数人似乎更喜欢使用五十厘米而不是五分米。经历和习惯当然会在这些决定中起作用，但无论你喜欢什么，在度量单位和数字系统之间保持一致总是更加方便的。

一个有趣的例子是，在时间的度量上人们保留了旧的非十进制的单位。不知出于什么原因，我们坚持将一天分为 24 个小时，并将每小时分为 60 分钟，然后进一步将每分钟分为 60 秒。很明显，这样的划分可以追溯到巴比伦人，他们的标准分组大小正好是六十。也许这种度量时间的方法实在是太根深蒂固了。将埃尔（ell，相当于 45 英寸）和英寻（fathoms，相当于 6 英尺）这样的单位换成米我们不觉得有什么，但如果正午不是十二点那就有些太疯狂了。也许法国的科学家们担心，改变人们的计时方式可能会引发骚乱或者其他的暴力抗议。（毕竟，断头台当时仍然屹立着。）

然而，事实上无论是十二、二十四、六十或者其他任何分组大小，都没有任何特别之处。我们可以很容易将一天分成 10 个时段（或者任何你喜欢的词语），然后再将每个时段继续细分为 10 份，以此类推。选定 12 作为分组大小，可以说是一种文化的和历史的选择，它是基于下面这样一个事实，即在埃及夜空中可以观察到大约 12 颗间隔相等的恒星团。在古代，人们通过观察头顶上的星座来记录时间。这里手指的数量 10 与星座的数量 12 不一致，这多少有些烦人。无论如何，一天 24 个小时，1 个小时 60 分钟的计时系统是相当根深蒂固的。（有时我甚至会混淆这两个系统，认为 4.59 美元与 5 美元之间只差一分钱。）

关键在于地球绕着自转轴转动一周，需要一定的时间。如何将这一段时间切分成更小的时间段则取决于我们。至于一年中有多少天，两个满月之间有多少天，这些数都内置于太阳系中，不是文化所能决定的。事实上，这两个数都有些令人不快（并非整数）。例如，一年的天数要比 365 1/4 稍微小一点。（巴比伦的天文学家一定非常失望，因为它并非刚好等于 360，也就是 6 个六十！）

此外，巴比伦系统的另一遗存是将一个圆周划分为 360 度（度就像小时一样，通常又会被细分为分和秒）。虽然数学家早就放弃了这种武断的方案，但作为传统的角度度量系统，木匠、建筑师，甚至很多工程师和科学家仍然还在使用它。

同样，这里的重点也是一致性。如果你打算将东西合并成组或者分成几块，那么选择一个固定的分组大小并保持不变将会带来很多便利，而不是像历史上那样随意组合或细分。

这里我并不想展示以固定分组大小为基础的度量系统会有多么便利，相反，我想用旧世界中那种混乱的混合基数系统作为反面例子，让我们更深切地去感受问题的严重性。我想，没有任何一个例子能够像 19 世纪的英国货币体系那样，复杂程度大大超出必要的限度，让人感到十分恼火。

如果考虑到它的历史，英国传统的度量体系是一场灾难也就不足为奇了。几乎每一个度量领域，从英亩到盎司，从里格（league）到大桶（hogshead），都记录了数十次的入侵和征服，以及由此产生的不可避免的文化和语言副作用。货币体系只是众多受影响的体系之一。

两千年前，罗马人将基于磅（libra，表示一磅重的白银）的货币体系引入了不列颠群岛。因此，1 英镑（也用别致的符号 £ 表示）代表一磅（即 16 盎司）白银这种贵金属的价值。（这也是 lb. 是磅的缩写词的由来。）很自然地，它被分成 20 先令（用 *s.* 来表示索利多这种古罗马硬币）。当然，1 先令本身又被分成 12 个便士（便士的缩写是 *d.*，正如你所料，代表的是古罗马的便士 *denarius*）。因此，12 便士等于 1 先令，而 20 先令则等于 1 英镑。

抛开简·奥斯汀及其同代人使用的其他各种各样的面值（例如价值为 5 先令的克朗和价值为 21 先令的几尼），仅仅是处理英镑、先令和便士，我们就已经遇到了逻辑上和计算上的难题。

现在假设时间回到 1820 年，而你是伦敦的一位店主。你的顾客斯迈辛顿·琼斯女士积欠了如下购物账单：

珍珠镶嵌鼻烟壶，1 £ 8*s.* 6*d.*；

勺子一套六只，13*s.* 8*d.*；

两只盐罐，每只 2*s.* 7*d.*；

一对银烛台，1 £ 14*s.* 4*d.*。

请问，她总共欠你多少钱？如果她递给你一张5英镑的钞票，你需要找给她多少零钱？

这正是英国小学生在课堂上练习的算术运算题。（也许这个例子会让你对鲍勃·克拉奇特及他的同事们所面临的困境产生同情，他们在昏暗的烛光下用鹅毛笔计算着一列列的数字，忍受着守财奴埃比尼泽·斯克鲁奇和混合进制表示系统的双重暴政，即使当时的英国是号称日不落帝国的海洋强国。）（鲍勃·克拉奇特和埃比尼泽·斯克鲁奇是英国著名作家查尔斯·狄更斯的小说《圣诞颂歌》中的人物。——译者注）

将英镑、先令和便士组成有相应标签的列（并在头脑中将盐罐的价格乘2），我们可以出具如下收据：

£	s.	d.
1	8	6
	13	8
	5	2
1	14	4

接下来，我们按常规方法对这些金额求和，从最右边的便士开始计算（并记住每个英国小学生都知道的知识，12便士等于1先令）。通过心算（如果有必要的话也可以使用手指或者脚趾辅助计算），我们得出总共有20便士，也就是1先令8便士。

留下便士列中的便士数8，我们继续计算先令数（我们学得很好，知道20先令等于1英镑）。加上从便士列上进位的1先令，我们一共有41先令。（即使最终是按照十二和二十来分组，我们也必须先按照十进制来计算。真是乱呀！）而 41 先令与 2 英镑 1 先令等价，因此，我们得到了 4 英镑 1 先令 8 便士的总账单。

£	s.	d.
1	8	6
	13	8
	5	2
1	14	4
4	1	8

由于总账单稍微超过 4 英镑，所以当斯迈辛顿·琼斯女士付 5 英镑时，我们给她的找零肯定会略少于 1 英镑。如果便士列中没有 8 便士的话，那就是找 19 先令零钱的简单问题。既然现在有，我们就需要减去这 8 便士，这样找给琼斯女士的零钱就变成了 18 先令 4 便士。“祝您好运，太太！”（你轻轻地摘帽致意。）

英国最终在 1971 年放弃了这种复杂不合理的制度，转而采用十进制货币。现在的 1 英镑可兑换 100 便士，而不是以前的 240 便士。我必须承认，£1 8*s*. 6*d*.（1 镑 8 先令 6 便士）被更平常但无疑更方便的£1.425 替代，让我有些悲伤，还会觉得浪漫不再。（我想可以用一品脱拉格啤酒让我摆脱悲伤，当然啤酒需要来自又高又壮的酒馆老板，比如身高 6 英尺 1 英寸有余，体重 15 英石以上。）

既然我们现在是在讨论一致性的问题，我想介绍一个印度 – 阿拉伯十进制位值系统中方便又常用的扩展（由于某些原因，这样做似乎产生了相当多的混乱和沮丧）。正如选定一个分组大小并将它应用到各个层次上一样，以相同的方式进行细分也是可取的。

因此，我们不仅用 10 个 1 公升组成 10 公升，也同样会选择将 1 公升分成 10 分升，1 分升分成 10 厘升。类似地，1 美元可兑换 10 个 10 美分硬币，1 个 10 美分硬币同样可兑换 10 个 1 美分硬币。

这种分组和细分方式的一致性使我们可以很容易地扩展这一记数系统。例如，为了记录一百四十二美元七十九美分的销售额，我们可以使用印度风格的框线方法，如下所示：

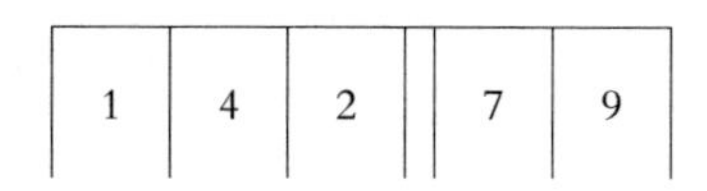

请注意，这里我们使用双线区分个位（即美元）与美分。为了记录我们选定的单位，这样的标志是有必要的：我们是以美元来计数呢还是以美分计数呢？

当然，正像符号零的引入让我们无须再使用框线一样，我们也可以用更简单的方法来表示个位列。这其实就是通常所说的小数点背后的理念。因此，这个数可以简单地写作 142.79，而我们也一眼就明白小数点前的 2 代表两美元，小数点后的 7 代表 7 个 10 美分或十分之一美元，相应地 9 则代表 9 个 1 美分或百分之一美元。

这样做的结果是，我们可以轻松地记录和统计数量，而且这些数量不仅在大小上不受限制（更大的数只不过需要在左边有更多的列），同时在精细度方面同样不受限制。每个新的细分只需要在右边增加一个列（或者说“小数位”）。例如，一个科学家可能需要多达 12 个小数位来恰当确定某个高精度的度量。印度 – 阿拉伯十进制位值系统，再加上精心选择的具有一致性的度量单位系统（例如公制），为我们提供了一种方便有效的方法。

现在假设你是一名环境化学工作者，正在监测某个城市的空气质量。一个20克的空气样本中包含的几种主要气体的质量如下（符号g代表克）：

氮气：15.622g

氧气：4.2g

氩气：0.17g

那么，剩余杂质的总质量是多少？

重要的是记住小数点的真正含义：它告诉我们各个不同十进制位具体表示什么。既然我们以克为计量单位，所以紧靠小数点左边的那一列表示的是克本身（个位），而氮气质量最右边的2表示的则是毫克或千分之一克。

为了用通常的方法求出这些数的和，关键在于我们要将它们的十进制表示对齐，以便所有的个位数都处在个位列。当然，这就是说我们需要将小数点对齐，这样其他的位也就自然对齐了。因此，我们得到如下的三个数：

15.622

4.2

0.17

注意这里小数点左边和右边的空格。如果愿意，你也可以简单地用零来填充这些空白，或者如果你喜欢的话，甚至可以画下面这样的框线：

1	5	6	2	2
	4	2		
		1	7	

当然，这些都只是视觉展示和呈现方式上的小问题，但它们在心理上的作用却惊人地强大。唯一真正重要的是，我们理解自己所使用的符号及意义，这样我们才能真正掌握自己所使用的语言，才能够舒适且自由地游戏与创造。

无论如何，现在我们可以很容易得出这几种气体的总质量为19.992g，也就是说其余杂质的总质量为0.008g，如果你喜欢，也可以说是8mg。

自然，关于如何生成和记录各种物理测量，如何表示误差和已知精度，以及其他我并不是特别有兴趣去讨论的问题，科学界内都有各种各样相应的惯例和约定。我想要表达的是，如果你明智地选择了单位（并保持不变），那么你就能从统一的形式中受益，从而避免了由先令和便士这样的单位所带来的不愉快。

这才是公制系统的关键（也是唯一的实际价值）——它更简单，仅此而已。公制系统与我们传统的记数系统保持一致，所有的计量单位（除时间之外）都按照十进制进行分组和细分，让事情变得更简单，不需要很多的技巧，也不再混乱。

这里重要的并非十。我们可以很容易构想出另一种历史，树族部落以某种方式打败了埃及人，最后主宰了一个巨大的帝国，并最终在全世界建立了一个七进制的位值记数系统。可以推测，在某个时候，科学家及其他人同样会采用按照七进行分组和细分的计量单位。

令人惊讶的是，这看起来或者说感觉上与我们所使用的十进制公制系统并没有太大的差别。我们可以想象，树族部落迟早会产生在位值记数法中使用标值符号的想法，就像我们一样。唯一的区别是，他们的数列表示的是按照七而不是十进行的连续分组，因此只需要七个不同的符号（包括零，如果他们有对应符号的话）。

为了减少记忆新符号的负担（或者更糟糕的是，直接使用原始的树族象形符号），我们设想阿拉伯商人再次将这一记数系统引入欧洲，只不过使用的是我们已经熟知的数字，即 0、1、2、3、4、5 和 6。这样做的优点是，我们可以立即识别并理解这些符号的含义；缺点则是，由于熟悉了这些标值符号，我们可能会对分组大小的重大变化视而不见。带着这种谨慎，让我们来看看这样一个系统是如何工作的。

首先需要注意的是，数七本身（也就是一个整组）将被写作 10，就像过去十进制下我们用 10 来表示十。像 34 这样的符号，表示的是三个整组外加四个零数。你可能会自言自语道："哦，我明白了，它表示的三组七和四个零数，所以它真正表示的是二十五。"应该说，你的想法既对也不对。对的是，它表示的数肯定和我们习惯称为二十五的数一样；不对的是，二十五是我们所熟悉的，但在树族部落的世界里根本就没有二十五。对树族部落成员以及他们的后代来说，它并不是两组十和五个零数，而是三组七和四个零数，他们对数的认识和感知是围绕着七发展演化的，包括他们所说的数词。在我们看来，十四是一个有零头的不规整的数，介于十和二十这两个规整数之间。但在树族部落看来，情况却并非如此，这个数刚好是两个整组，写作 20，可以用像“两棵树”（twotree）这样简单的名字去指代。对树族部落来说，数七的整倍数几乎毫不费力：一棵树、两棵树、三棵树，就像我们去数十、二十和三十一样。

更进一步，我们甚至可以像前面一样将系统扩展到计量单位的小数部分，使用“七进制小数点（septimal point）”来记录列的含义。因此，七进制数 12.3 表示的是九个完整单位（比如说米）加三个细分单位（我想是七分之一米）。换句话说，七进制数 12.3 表示的是通常我们称为九又七分之三的那个数。这样说可以理解吗？

显然，从一个分组大小转换成另一个分组大小的过程是复杂的、有技术含量的，我们后面将更多地讨论这个问题。现在我想表达的是，数十作为基数并不存在任何特别之处，印度－阿拉伯十进制位值系统，以及与之相关的公制单位系统所带来的便利性和优势，其他任何分组大小同样可以带来。

假设手指部落和香蕉部落以同样的方式各自发展出了位值系统，那么 16、27、52 和 88 这四个十进制数，在这三种部落记数系统中又该怎样用现代数字符号来表示呢？

乘法

倍数的计算与乘法的特性

初看上去，似乎所有这些策略以及如何表示数和操作数的选择都大同小异；此外，重复与分组、堆叠与亚组、标值与位值之间的差异似乎也微不足道（或者说都是一堆石子）。对大多数的日常计数和记账来说，可能的确如此。如果只是玩多米诺骨牌游戏，那么你用什么样的系统来计分并不重要；事实上，五栅门系统即使不比那些复杂的、技术要求高的系统好，至少也不会比这些系统差。你可能很想知道这到底是怎么回事呢？

事实是，就大多算术的目的而言，无论是计数、记录数量信息，还是进行比较、记录收支情况，以及进行加减法，我们前面讨论的所有系统几乎都是等价的，它们都曾经在某段时间流行过，也证明了自己的实用价值（当然，我自己凭空发明的部落系统除外）。

特别是，印度－阿拉伯十进制位值系统似乎也并没有什么特别伟大之处。例如，通过练习你同样可以熟练地掌握使用罗马记数系统。那么我们为什么还要花费心思呢？通过学习使用符号性的位值表示系统，我们又能够真正得到什么呢？我认为用纸笔进行计算有其方便和便携之处，但是使用罗马系统同样可以做到这一点。例如，在纸上求两个罗马数字的和并不需要什么高超的技巧：MMDCCLXXVII 和 MCCLXXXVI 相加等于 MMMMLXIII。你可以简单地计算每一个符号的出现次数，然后在大脑中进行换算——在想象中模仿沟算盘的计算过程。这其实并不比印度－阿拉伯系统所需的脑力训练更难。

从表面上看，似乎除了让数的表示更加简短可以算作回报之外，"在位值记数法中使用标值符号"的整个想法带来的是更多的麻烦，并且需要很多的记忆。

然而，在算术中还有一种经常出现的情况，在此情况下位值表示法有很明显的绝对优势，那就是计算倍数（making copies）。

在计算和记录数量时，经常会发生同一个数被加（或被减）好几次的情况：例如卖出了一打松饼，二十箱货已装船，需要增加三倍的辅料等。本质上，这些都可以归结为一个数与其自身多次相加。这样的计算通常被称为乘法（multiplication，来自拉丁语 *multiplicatus*，意为"多次折叠"）。人们所说的"六乘七"（通常简写为 6×7），其意思是 7 自身相加 6 次；换句话说，我们要的是 7 复制 6 次的和。

这里需要注意，这两个数在状态上存在着细微但重要的差异。当我们写 5×8 时，其中的 8 是要加的实际数量，比如说是一块松饼的价格；而5则是计数器，表示我们想复制的次数。从某种意义上说，5在“操作”8，而不是相反。（以前，小学数学教科书还强调被乘数和乘数区别，被乘数是第一个数，乘数是第二个数，与此处的说法不同。目前的小学数学教科书已不再强调被乘数和乘数的区别，统一称为乘数。——译者注）

所以说乘法有不对称的地方，5×8和8×5并不完全是一回事。不过，这两种计算的结果是相等的。也就是说，即使5个篮子中每个篮子装有8只鸡蛋与8个篮子中每个篮子装有5只鸡蛋是完全不同的场景，但两种场景中鸡蛋的总数量是相等的。我最喜欢以下面这种方式看待这个问题，设想有一排排的石子排列如下：

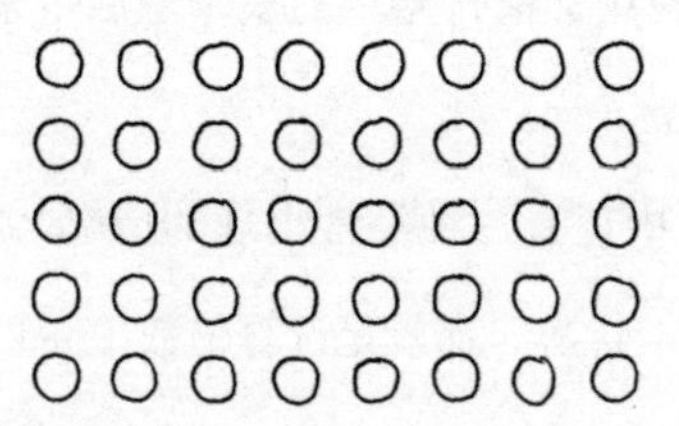

这里，我们用一种简单的视觉形式来表示8重复5次，其中每一行都有8个石子，共有5行，因此，5×8表示的是5行每行8个。另一方面（这正是聪明的地方），我们也可以将石子的这种布局看成由多列组成，也就是8列每列5个。另一种解释方式是，我们将头侧过来，5行每行8个就变成了8行每行5个。因此5×8之所以等于8×5，是因为两者计算的是同一个矩形阵列中的石子数量。这样来看，乘法最终还是对称的。这样的结果不仅出乎意料，非常漂亮，而且相当重要有用。

例如，如果被要求计算 17 个 2 自相加（即 17×2），我可以不用深吸一口气去慢慢计算 2 自相加，而是可以巧妙地利用对称性将其改为 2×17（也就是 17 翻倍），这个计算要简单得多。这种将矩形石子阵列视为乘法的角度显然也适用于面积的测量，比如一块长方形的地面或者一堵需要抹灰和粉刷的墙面。通常，这些区域会被分割成网格状，然后可以通过乘法去计算网格的数量。

假设你正在浴室的地面上贴瓷砖，地面的面积为 6 英尺 ×8 英尺，而一块瓷砖的大小为一英尺见方，一盒瓷砖有 50 块。请问一盒瓷砖足够完成这项工作吗?

这里，我们可以想象地面被分割成一英尺见方的网格:

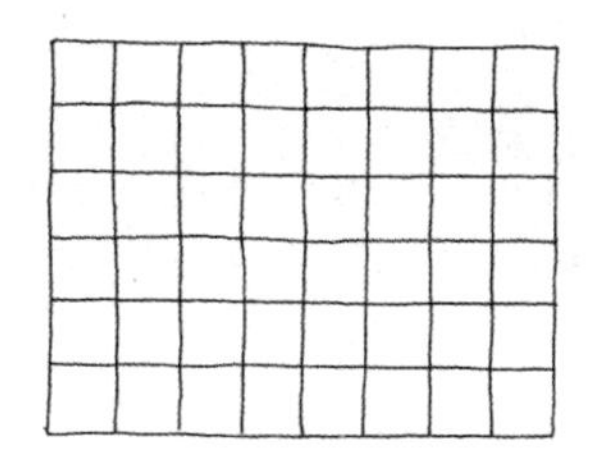

当然，我们也可以一个一个去数正方形网格的个数，事实上，就这个例子来说这种方法也没有那么糟，因为数量并不是太多，所以花不了一分钟就能够数清。另一方面，将其视为乘法（即 6×8）则更有价值，这不仅是因为用这种方式思考能够给我们带来洞察力和智力上的乐趣，同时还因为随着数量的增大（比如说 173×62），一个一个去数小方格将会变得越来越费时和令人厌烦。

所以，现在的问题是 6×8 要比 50 大还是小。这又是一个基本的算术问题：比较大小。一方面，有一个表达简单、以八为分组大小且刚好是整组的数（6×8），我们想将它与另一个数50进行比较，而50在语言学上被认为是五个整组十。这有些像前面章节中提到的手指部落与香蕉部落进行交易，因为使用两种不同的分组大小，我们希望能够在两者之间进行换算以方便进行比较。

一种方法是继续以十为分组大小，并试着去重写6个整组八，然后将重写后的结果与5个整组比较。这就是大多数人认为的相乘的意思，将用某种分组大小可以方便表示的数转换为十的整数倍和小于十的零头。下面我们用石子进行直观演示，通过移动石子使其变成10个一行：

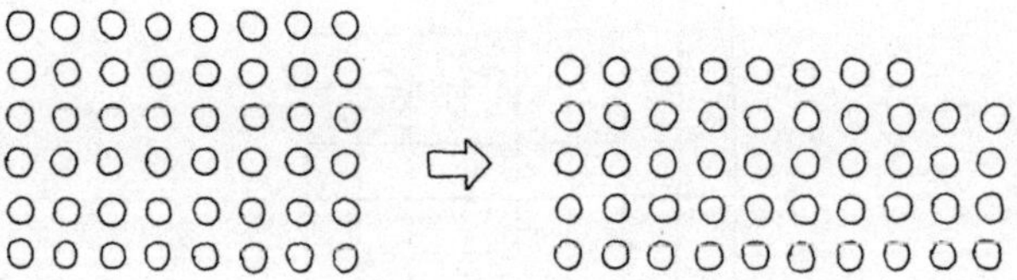

拿走第一行的石子，我可以把它们加到最下面的4行上，每行加两个，这样就变成了每行10个，最终得到4个完整行和8个零头。因此，我们得出6个整组八与4个整组十加8个零头相等，也就是说6×8=48。

由此我们可以认为数48是6和8通过乘法“产生”的，这就是人们所说的48是6和8的乘积。

或者，我们也可以简单让8自相加6次，并在必要的时候进行换算。一个有趣的方式是，从8翻倍得到16开始，然后再加上一个

8得到24。这一结果是8的三倍，而要得到8的6倍，我们只需要将这一结果翻倍即可得到48。这就是我所说的算术是一门重新排列的艺术的含义，观察并利用所遇到的计数问题的特点，这样问题就能够更简单，解决问题的时候也会有更多的乐趣。

无论使用哪种方法，现在我们得到的数是以十为分组大小的，所以很容易进行比较，我们一眼就能够看出一盒50块瓷砖足够使用。（当然，在现实生活中，事情从来不会这样简单：在浴缸和马桶周围我们可能需要切割一些瓷砖，此外还可能会因为意外而打碎一些瓷砖。）

最常见的乘法的例子可能是翻倍，也就是一个数自相加，当然这只是两个数相加的特例。但是由于这种情况经常发生，所以常和算术打交道的人就对翻倍非常熟练，特别是对较小数的两倍记得很熟。因此，人们就会去学习并记忆“二四得八”“二六十二”这样的口诀。不管使用什么表示系统，这都是一种普遍情况：香蕉部落的成员也会从经验中知道na-na翻倍是ba，而na-na-na翻倍则是ba-na-na。

在标值表示系统中，翻倍基本上就是字面上的意思：将每个符号、计数硬币或者计数石子再简单重复一次。当然，必要的话可以进行一些换算。

计算出下列各数的两倍，并用相应的记数语言写出其最简形式：

ba-ba-na-na、𓍢𓎆𓎆𓐀、MCCCLXXVI和538。

埃及人特别喜欢翻倍，并且在计算更大倍数的时候非常聪明地利用了翻倍。例如，如果要计算一个数的三倍，我们可以先将它翻倍再加上原来的数；如果是要将一个数翻两番（即原数的四倍），我们只需要将它翻倍然后再翻倍；如果是要计算一个数的六倍，我们则需要先翻倍，然后再翻倍，再将这两次翻倍之后得到的数相加即可。

我们可以怎样充分利用翻倍来计算一个数的 5 倍？如果是计算 12 倍呢？

使用石子堆、计数硬币或者罗马沟算盘这些简单的设备计算乘以 3 或 5 这样小的数时很简单，我们只需要将要乘的数直接摆出来，乘以几就摆几次，然后再换算就可以了。相比而言，使用日式算盘和印度 - 阿拉伯纸笔算盘进行计算就不那么方便了，这两种方法都需要相当多的记忆和脑力训练。例如，当要计算 427 这样的数的两倍时，我会这样思考："现在我要计算的数是 4 个 100，2 个 10 和 7 个零数，翻倍后就变成了 8 个 100，4 个 10 和 14 个零数，因此总数为 840 再加 14，也就是 854。"类似地，如果是计算三倍，那就是 12 个 100，6 个 10 和 21 个零数，换言之，就是 1281。

当然，有了这样完全符号性的算盘，知道一些小数值的倍数是值得的，就像我刚好能记住 3 个 7 等于 21 一样。想要完全记住可能有些麻烦，尤其是像十这样比较大的分组。我不建议有意去记这些内容，我认为更好的方法是经常去玩数字游戏，学着去利用自己的才智和观察力，虽然免不了偶尔因自己想不到而沮丧，但慢慢地这些内容就会变得熟悉和友好起来，甚至会带着提示来提醒你某个问题，或者让你在某个时候变得特别聪明。

在计算乘法时，人们通常都会制作一张表（就是声名不佳的“乘法表”），以表格的形式列出个位数的各种小的倍数。如果你要做大量的乘法运算，这可能是一个很方便的工具，同时你也能够注意到其中许多有趣的模式。乘法表的最大危险在于，当你试图去记忆如此大量的信息时，你会感到无趣和沮丧，并因此丧失学习算术的兴趣。因此，我的建议是，如果只是用作参考，那么不妨制作一张这样的表，但不要过分地强调它或者把它放在特别重要的位置。毕竟，我们现在已经生活在信息时代：当记不住土库曼斯坦的首都时，我们可以随时查询；当记不住 7×8 时（这对我来说也一直是个问题），我们同样可以如此。

哦，对了，等于 56。既然谈到了这个问题，我想强调几件事情。首先，我们需要明白 7×8 并不是一个问题，56 也不是答案。7×8 是一个数，我们可以用很多种方式来表示它。目前它是以 7 个整组每组 8 个的形式表示的，使用八进制系统的人会非常喜欢这种表示方法，并且他们不会觉得有必要进行进一步的处理。当我们提问“7 乘 8 等于多少”时，我们真正在问的是“如何将 7 个整组每组 8 个以每组 10 个的方式重新排列，以便与其他同样分组的数进行比较？”数本身并不在乎你选择使用什么样的分组大小来表示它，数学家同样也不在乎。数就是数，它有自己的属性。你想要进行数的比较才真正是问题的所在，而由你所属的文化选定的表示系统则是次要的。

需要注意的另一件事是，当我们说“七乘十等于七十”时，这样的说法中存在一种有趣的无实质内容的语言复述（content-free circularity）。毕竟，七十这个词语只是 7 个 10 的缩写。

语言总是会反映人们在文化上一致认同的分组大小，由此，数字的名称也就成为人们熟悉的大小和数量的基准。所以说“7 乘 10 等于多少”这个问题的答案是 70 显得特别可笑，这就像到字典里去查一个词，却发现这个词的定义是它自己。7 乘 10 等于 7 个整组 10，在十进制文化中，人们会很满意数字已经用一种便于比较的方式来表示了。当然，香蕉部落看见这种情况应该会不那么高兴，并着手准备按四个一组重新排列。

那么，树族部落看见七十又会有什么样的感受呢？

乘法发挥作用的一种常见情况是出售并购买具有同等价值的几件物品。例如，这里有一张 19 世纪银匠的典型收据：

销售单据

数量	描述		£	*s.*	*d.*
6	银匙，每只 4*s.* 5*d.*		1	6	6
3	鼻烟盒，每只 1£		3		
2	烛台，每只 10*s.* 6*d.*		1	1	
		合计	5	7	6

这里，银匠在头脑中聪明地完成了不同的乘法运算，我想人们

最终会习惯这样去做。

银匠计算出的总数正确吗?

让我们来看一个更古老的使用埃及记数系统做乘法计算的例子。假设你是一个磨坊主，仓库里存有100蒲式耳的小麦，最近你接到了如下的订单：当地的面包师想要7大筐小麦，神庙又订购了8小筐，此外法老的税务员需要5大筐。每小筐可装3蒲式耳小麦，每大筐可装6蒲式耳，请问你有足够的小麦吗?

这里的算术问题就是要确定，7个6，8个3再加上5个6之和是否小于100。

当然，我们知道处理这一问题有很多方法，最可能的情况是，作为一个有经验的商人，你完全知道这些数（以十为分组大小）分别是多少，然后在头脑中求和就可以了。但现在我们假设你是新手，心算能力还比较差。这样你就可以简单地拿出装有标值计数硬币的大袋子，在柜台上摆出这些数，放到一起后按十分组，再进行必要的换算就能够完成计算任务，尽管这种方式的确机械枯燥了一些。下面，让我们试着更有创造力一些。作为埃及人，我们将从计算一些翻倍开始：

1个6，|||
|||

2个6，||||||||||||或∩||

4个6，∩||∩||或∩∩||||

现在我们可以通过对上面这些数求和得到7个6（因为1加2加4等于7），这些数的和为：

||| ∩|| ∩∩|||| 或 ∩∩∩∩||

同理，我们知道5个6等于4个6加1个6，也就是：

∩∩|||| ||| 或 ∩∩∩

此外，我们还可以将8个3看作是4个6（因为两个3等于6），其值在计算翻倍时我们已经得到即 ∩∩ ||||。因此，所求的总和为：

∩∩∩∩|| ∩∩∩ ∩∩|||| 或 ∩∩∩∩∩∩∩∩∩|||。

这比库存 ᘓ 要少几蒲式耳，所以仓库里的小麦足够，我们不必担心。

如果使用罗马沟算盘，你会怎样完成这一计算？

在符号位值系统的环境下，比如印度－阿拉伯十进制位值系统，情况几乎是相同的，除了我们没有计数硬币或计数石可移动之外。现在，我们需要使用头脑去操作符号，而不再是用手去操作具体的东西。

就像加减法一样，这同样给我们带来了一些挑战。要想真正熟练地使用这一系统，我们必须要弄清楚符号是如何转换的（例如6+7=13，4×3=12），并理解其中的规律。

同样，我的建议是每次不妨都从头开始，直到计算出答案，并且可以使用包括手指、石子和计数标记在内的任何工具。是的，这会有些烦人，但正是因为烦人才能让你印象深刻。花多长时间并不重要（即使曾经真的花了很长时间），我认为都是值得的。如果你喜欢去计数并且练习得足够多，那么最终你会熟悉所有这些事情。

假设你在邻居家的旧货摊上发现有衬衫售卖，共有三件每件7美元，而你有20美元，那么你能买下所有三件衬衫吗？

这里的问题是3×7是否要比20小。在地上摆上3行石子每行7个，我们可以从第一行分两次拿走3个将下面的两行都变成整齐的10个：

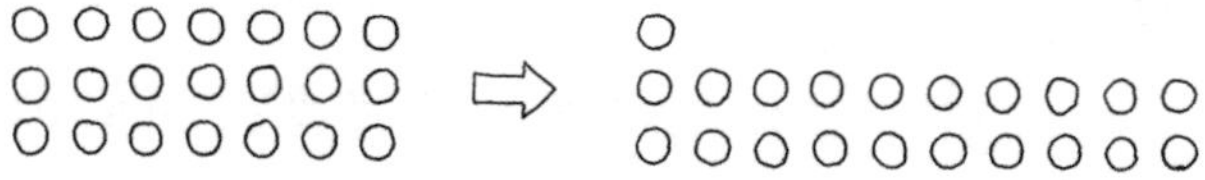

这样我们就发现3×7实际上等于21。现在，我们有三个选择：或者留下一件衬衫，或者借1美元，或者与卖家讨价还价。（既然是旧货摊，卖家很可能就卖给你了。）

通过重新排列石子计算从数1到9的两倍和三倍。

到目前为止，我们所讨论的各种记数系统在乘法方面的差异可以说并不是太大。无论是使用重复系统（比如计数标记）、标值系统（比如埃及记数系统）还是位值系统（比如罗马沟算盘和印度－阿拉伯系统），那些经验丰富经常与算术打交道的人，都能够熟记所有数的较小倍数，并在头脑中完成大部分的换算。一个中等天赋的埃及（或罗马或日本或印度）抄写员可以通过类似的下述方法轻松计算出163的7倍：

“让我想想，700再加上60的7倍，也就是加上6个10的7倍。因为7个6等于42，所以现在共有42个10，也就是420。因此，实际上乘积是11个100，外加两个剩下的10，此外不要忘了个位3的7倍，也就是21，总共是1141。”接着，他会用他们的记数系统将这个数写下来。只有在遇到最复杂（或最微妙）的计算时，抄写员才会去使用算盘。

从很多方面来说，当你试着去做这样的心算时，乐趣就真正开始了。当然，你完全可能把事情搞得一团糟，愉快地陷入迷失和困惑。可以说，这是一项既棘手又具有挑战性的练习，就像下盲棋一样。这里有很多简单的规则和模式，你必须将这些都搞清楚，其中的风险很低，而且有时会相当有趣。此外，在对数及其行为有初步的认识之后，通常你会对数的规律产生更大的疑问和好奇心。在这个意义上说，算术可以说是通往数学的门径。所以不妨随意练习着玩，就算犯下各种荒谬可笑的错误也没有关系——我也同样免不了如此！

印度－阿拉伯数字中5的倍数会呈现出一种特别简单的规律。你能说出这一规律并知道为什么会这样吗？

由于9和11与分组大小非常接近，因此它们的倍数也表现出相应的规律，你知道是怎样的规律吗？

我想指出前面最后一个计算中包含的非常有用和重要的内容。在计算60的7倍时，这位有经验的抄写员在以一种非常有趣的方式思考这个问题。六十的字面意义就是6个10，因此当讨论60的7倍时，实际上我们讨论的是10的6倍的7倍。这种情况经常发生。事实上，当我们用某个数去乘一定的量时，这一定的量是作为整体成倍增长的。

三维体积的计算是产生这种“三重乘积”的一种自然方式，正如可以将两个数的乘积看成是矩形的石子阵列一样，我们同样可以认为4×5×6就是一个长方体的石子堆，如下所示：

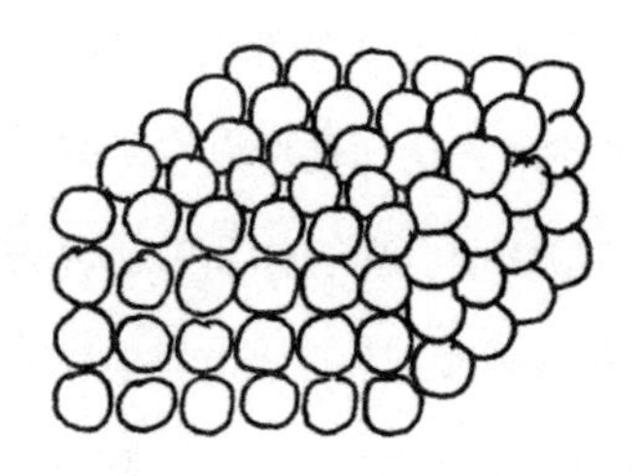

我们有好几种方法去数这样一个石子堆。我们可以将它看成是水平层的堆叠，每层是一个5×6的矩形，一共4层，因此共有4×（5×6）个石子。另一方面，我们也可以将这个石子堆看成是由6个垂直层构成，每层是一个 4×5 的矩形，这样石子的总数就是 6×（4×5）。还有一种方法是将它看成是由 4×6 的矩形向外堆叠，这样石子的总数就是 5×（4×6）。这里的重点是，乘法不仅是两两对称的（即 4×5=5×4），同时在更大的范围内同样是对称的，也就是说，当几个数相乘时，数的先后顺序并不重要。这不仅使我们无需再担心括号的问题，还允许我们发挥自己的创造力，从中选择一个高效的计算顺序。

在前面所举的抄写员的示例中，这意味着将 7×（6×10）（也就是 60 的 7 倍）视为（7×6）×10。换句话说，就是看有多少个整组（即 7×6 个整组），可以算出共有 42 个整组。42 本身又是四个整组零两个。因此，如果你能够理解的话，我们共有 4 个整组的整组外加两个整组。又因为百这个词的唯一含义就是一组 10 的整组，所以我们得到的结果为 420。在我看来，这肯定要比计算 60 自相加 7 次要容易得多。

当然，作为一位数学家，我一直都在寻找避免单调乏味劳动的方法，尤其是如果这意味着我要去做一些有趣的抽象思考。努力工作以找出摆脱努力工作的方法，这可以说是数学的写照。如果你真的很懒，同时又真的很聪明，那么你非常适合去做数学研究的工作（这里同时假定你对获得财富、名誉或声望等并没有什么兴趣）。

既然我们现在是在抽象地讨论数，尤其是在做乘法时数的表现，我想提一件虽然显而易见但却非常重要的事实：当我们说二加三等于五时，我们的意思是，两个相同的事物再加上 3 个同样的事物，无论这种事物到底是什么，都会得到 5 个这种事物。举例来说就是，2

头奶牛再加 3 头奶牛共有 5 头奶牛，2 年刑期再加 3 年刑期总共 5 年刑期。

特别是，这也意味着 2 打加上 3 打等于 5 打，2 个 37 加上 3 个 37 等于 5 个 37。换句话说就是，一个数乘另外两个数的和，就等于该数分别乘这两个数再相加：

$$(2+3)\times 37=2\times 37+3\times 37$$

初看上去，这一观察结论似乎显得微不足道并有些繁琐，但事实证明这是一个非常强大的算术工具。这意味着，我们可以充分发挥自己的聪明才智对乘法进行分解，自由地将其分解为更小的部分，使得计算更容易、更简单。

在看这些聪明的分解操作之前，首先让我们通过矩形石子阵列来理解这一分解（分配）原则。

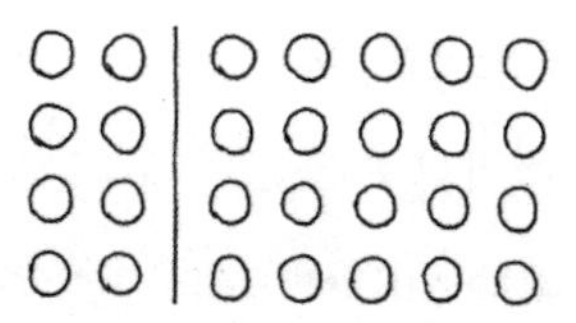

这里我们有一个 4 乘 7 的石子阵列，共有 7 列，每列 4 个石子，这 7 列石子被分成了两个小一些的方形：左边 2 列，右边 5 列。因此我们看到，7×4 被分成了 2×4 和 5×4。

或者，我们也可以认为，4 行每行 7 个被分成了 4 行每行 2 个加上 4 行每行 5 个。用数字符号来表示就是：

$$4\times 7=(4\times 2)+(4\times 5)$$

也就是说，在求和值的倍数时，我们可以简单地先求每一个部分的倍数然后再相加。这就像你先点了两个比萨和三杯根汁汽水，然后你决定再加一份，那么你所点的比萨和根汁汽水的数量就都加倍了。

当然，不管你将一个数分成多少个部分，结果都是一样的。

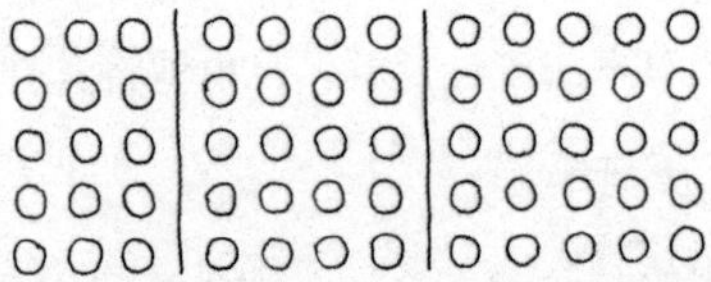

这里我们将 5×12 看作是 $5\times(3+4+5)$，同时整个矩形又可自然地看成是由 3 个小矩形相加而成的，即 $(5\times 3)+(5\times 4)+(5\times 5)$。可以看出，这个原则是完全通用的。

事实上，我们甚至可以更进一步，设想行和列都被分割成了几部分，这样整个大的矩形就由各种小矩形组合而成，如下所示：

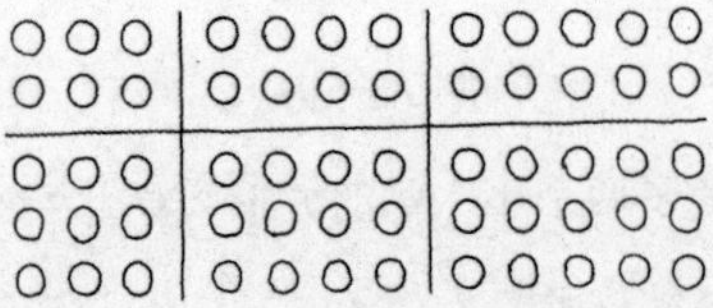

同样是 5×12 的矩形，只不过这里我们将它看成是 $(2+3)$ 和

（3+4+5）的乘积。由此，我们得出：

$$(2+3)\times(3+4+5)=(2\times3)+(2\times4)+(2\times5)+(3\times3)+(3\times4)+(3\times5)$$

这里发生的情况是，第一个加和中的每个数分别乘以第二个加和中的每个数。这其实就是关于网格和矩形的全部内容，无论怎么分割都可以。我们在这里发现的模式和规律可以说是算术中最重要的一条性质：两个和的乘积等于各个部分单个乘积的和。当然，我们必须知道要将哪些乘积相加，也就是知道每个加和数所有可能的选择。

如果是 3 个和相乘，情况又会怎样？

那么，这种切分的想法是怎样让乘法更容易的呢？当然，除了加深熟悉程度和理解之外，了解事物的行为方式总会有用的。如果你已经计算出了 5 × 17 和 3 × 17，那么在计算 8 × 17 时你只需要将这两个数相加。虽然这是很显然的知识，但能够知道这些还是很不错的。

当我们将这种方法与分组大小始终保持一致的位值表示系统（如印度 – 阿拉伯系统）结合起来使用时，它的真正威力就显现出来了。其背后的原因是，现在至少有一个数相乘起来很容易，那就是分组大小本身。这个发现非常重要，值得我们去一探究竟。

现在假设我们使用的是像埃及人那样的标值系统，同样有一个保持不变的分组大小（十），且各个层级的标值符号分别为 𓏺 、∩、𓍢 和 𓆼。如果我们有一个用该记数语言表示的数，比如说 𓍢𓍢 ∩∩∩∩ III，然后再乘以分组大小，会发生什么情况呢？答案是每个符号都需要重复十次，我想我们可以简单地将每个符号都写十遍然后再进行换算，还有一种更简单（同时也是更有效）的方法，就是将所有的 𓏺 都替换为 ∩，当然同时 ∩ 也会替换为 𓍢，𓍢 则会替换为 𓆼！多么神奇的埃及魔力！（顺便说一句，魔力 / 炼金术 alchemy 这个词来自埃及的古称 Khem。）

关键是，既然十是分组大小，那么十个一当然就成为一组，任意十个相同的符号就组成了更高一级的符号，这就是保持分组大小一致的好处。这样一来，乘以分组大小的计算就变成了简单的符号变换操作。类似地，如果你口袋里有一些分币和角币，那么将你拥有的钱乘以十，就相当于将一分变成一角，将一角变成一元。（注意，如果使用的是过去的先令和便士，则不存在这种简单的转换。）

罗马记数系统也同样如此，某个数乘以十，就相当于将该数中的 I 转换为 X，V 转换为 L，X 转换为 C，其余符号以此类推。在罗马沟算盘上则表现得更加简练：某个数乘以十就相当于将该数的每个计数石都移动到下一个对应的行中，例如将计数石从 I 行移动到 X 行，从 V 行移动到 L 行，实在是太方便了。

当香蕉部落成员将某个数乘以他们的分组大小时，情况又会怎样？

当然，只有在印度－阿拉伯十进制位值系统中，事情才会变得如此简单：由于每个数字符号都位于某个列中，由列的位置来控制它所代表的值，因此乘以10就相当于将每个数字符号都向左移动一位。

例如，像137这样的数乘以10，我们只需要将每个数字都向前移动一位。

	1	3	7
1	3	7	

现在，数字7不再是个位的计数而是十位，就好像个位上的每个数都“升级”为一个组。还有什么操作比这更简单吗？

顺便说一句，很多人都有这样一种错误的印象，认为将某个数乘以10，只需要在数字顺序的末尾加上一个0，比如137乘以10后就变成了1370。从某种意义上说，这样理解并不算错误，至少从视觉上来说的确如此。但我认为我们必须要理解，我们并不是真的在数的末尾加上一个0，而是整个数字序列都向左移动了一位，因此每个数字所代表的值都变成了之前的十倍。

我可以指出印度－阿拉伯位值系统优于标值系统的很多理由，便携性、低成本，等等，但事实是，这样的移位操作才是它的真正优势。既不用进行硬币或符号的变换，也不用将计数石从一行移动到另外一行。它只是在纸面上轻轻舞动的符号，从一列跳到另外一列。这才是罗马记数系统最终被替代的真正原因，也是现在几乎整个世界都在使用印度－阿拉伯十进制位值系统的原因。

事实上，这种移位思想让我们可以用一种全新的方式去看待诸如 20、500 和 3000 这样的数。我喜欢将这些数看成是一位数字表示的数（single-digit number），就像 2、5 和 3 一样。例如，数 500 实际上就是 5（个 100），当然我并不是说 5 个柠檬与 500 个柠檬相同，我主要关注的是这两个量表示的都是 5 个东西，只不过各自基数对应的位置不同，即对应印度 - 阿拉伯记数方法中不同的列。

因此我们将 500 看成是 5 左移两位，20 是 2 左移一位，而 3000 则是 3 左移三位。每左移一位就相当于乘以 10，3000 是 3 左移三位，因此它另外一种表示方法是 3000=3×10×10×10。乘以 10 的唯一作用就是引起数的移位，所以从某种意义上说 3 才是真正的内容，科学家和工程师喜欢称之为有效数字（significant digit，作者这里的意思和通常意义上的有效数字不同——译者注）。

这是一个非常有用的观点，当两个这样的仅最高位非零的整数相乘时，简单漂亮的事情就发生了。我们以 30×200 为例，当然你可以直接写下 30 个 200，再用你喜欢的方式将它们加起来，毕竟乘法本来的意思就是重复自相加。但是又有谁愿意这样做呢？这样做不仅单调乏味，而且正如之前我们讨论的那样，这种乏味还很容易导致计算错误。算术的精髓就在于要充分发挥聪明才智，这样计算就会更快、更简单、更有趣。

下面，让我们用一种更好的方法来思考 30×200 这个问题，当然我指的并不是将它看成是 200 个 30。相反，我们可以将它看成是

$$(3\times10)\times(2\times10\times10)$$

现在，我们可以利用前面发现的对称性，将这5个数的乘积改写为

$$(3\times2)\times(10\times10\times10)=6000$$

请注意，原来数的两个最高位相乘了，多次移位也被合并为一次大的移位，即3左移一位乘以2左移两位，结果为6左移三位。因此，像这样的仅最高位非零的整数相乘是很简单的，只需要将最高位非零数相乘，移位次数相加。这样做有道理吗？

计算下面几组乘积：20×40，30×500，800×5000。

这样计算真是省时省力呀！当然，你可能会自言自语说："这的确很好，但毕竟遇到这样简单的数相乘的机会并不多，这对计算像 37×168 这样更常见的数又有什么帮助呢？"

如果可能的话，我们想要的是一个简单的步骤，通过这个步骤，我们只需要有这两个数的数字序列（而不需要任何额外的石子、硬币或算珠），就能够以一种相当快速高效（同时也是准确）的方式得到其乘积的数字序列。事实证明，对印度－阿拉伯十进制位值系统来说，这完全是可能的。

这里的想法是将移位操作与我们之前讨论过的分割（拆分）策略结合起来。下面我们以相对较小的数为例开始讨论，比如说 12×27。设想它是一个矩形，我们可以有很多方法将它拆分为更小的矩形，其中一种最简单最自然的拆分（至少从十进制的角度来看

是如此）就是将每个数按位进行拆分，如下所示：

	20	7
10	10×20	10×7
2	2×20	2×7

请注意，现在每个子矩形都变成了仅最高位非零的整数的乘积，这些乘积通过移位很容易算出：$10\times20=200$，$10\times7=70$，$2\times20=40$，$2\times7=14$（这里正是熟练掌握较小数的乘积可以派上用场的地方）。因此，将这些部分加在一起，我们有：

$$12\times27=200+70+40+14=324$$

是的，我们必须在最后进行求和运算，而在求和时难免会遇到进位和换算，但要知道总是想不劳而获是不现实的，至少现在我们不需要直接硬加 12 个 27 了。

当然，这一方法的强大之处更在于它是完全通用的，任何两个数相乘，不管这两个数有多大，我们都可以通过此方法求得它们的乘积，唯一会变化的是整个矩形被拆分成的块数。

现在设想你经营一家泡菜厂，每桶泡菜重 144 磅，你想运走 56 桶泡菜，而送货卡车的最大载重为 8000 磅，那么这辆卡车能一次运走这些泡菜吗？

这里的问题是 56×144 是否要小于 8000，当然，通过取出一堆石子或者重复做大量的加法，我们都可以得出答案。但我们新方法的要点就是要利用位值记数方法，在不需要任何石子或算珠的情况下，通过完全的符号性计算快速高效地得出结果，以最大程度地减少劳动量。

在这个例子中，我们想象的矩形将会按如下的样子进行拆分:

	100	40	4
50	5000	2000	200
6	600	240	24

这里，我用相应数量的假想石子来填充每个子矩形，对 50 × 40 这个子矩形中来说，由于 5 × 4=20，此外还需要进行两次移位，因此其数量为 2000，其余以此类推。也就是说这些泡菜的总重量为

$$5000+2000+200+600+240+24=8064$$

与卡车的载重相比，超重 64 磅。你可能会决定冒险试一试，也可以留下一两桶不运走，但至少你知道了该如何处理。

下面这两个乘积，哪个更大：381 × 44，598 × 28 ?

当然，一旦我们掌握了这种完全符号性的计算方法，特别是我们完全明白并理解了它的工作原理之后，我们就又会变得偷懒起来，希望能够简化这一过程让它变得更容易。可能做的一个步骤是完全去掉我们想象的矩形，作为一个工具，它当然是有用的，让我们可

以解释自己在做什么，并为我们如何组织计数提供清晰的视觉图像，但它在实际计算过程中却并非必不可少。一旦完全理解了拆分和移位的原理，我们就不再需要图形化的示意了。

例如，要计算 173 乘以 254，我们只需要从最高位开始，将每一位上非零的整数乘积都计算出来（按照我们希望的顺序），当然需要确保包含了所有可能的乘积并进行了正确的移位：

$$100\times200=20000 \quad 100\times50=5000 \quad 100\times4=400$$
$$70\times200=14000 \quad 70\times50=3500 \quad 70\times4=280$$
$$3\times200=600 \quad 3\times50=150 \quad 3\times4=12$$

然后我们就可以对这些乘积进行求和，在纸上进行这项工作的一种常用方法是，首先写下需要相乘的两个数，其中一个在另外一个下方并按位对齐，然后再将所有这些乘积写在下方，如下所示：

173	
254	
12	4×3，无移位
280	4×7，移 1 位
400	4×1，移 2 位
150	5×3，移 1 位
3500	5×7，移 2 位
5000	5×1，移 3 位
600	2×3，移 2 位
14000	2×7，移 3 位
20000	2×1，移 4 位
43942	

这样，各个乘积都按列对齐，就可以进行求和了。当然，如果你觉得这看上去太抽象，更喜欢去画假想的长方形，那也没有问题。当你最终理解了所有部分是怎样生成及组合的，你也就不再需要长方形的辅助了。或许这就是人类的本性，一旦掌握了某种方法，接着就会去寻找更简单的方法。

事实上，很多人选择了（或者说有人为他们选择了）一种更简化的版本，各个乘积在被计算出来时就加入了求和的序列，虽然这样做需要更多的脑力和记忆，但计算速度会变快并且占用的空间也更少。显然，它已经成为小学课堂中教授的标准乘法计算方法。下面我试着做一些解释。

我们以一个比较大的数，比如 1783，乘以 4 这样的一位数为例开始下面的讨论。用我们目前的方法，这一计算过程如下所示：

```
1783
   4
----
  12
 32
28
4
----
7132
```

请注意，在这里我并没有写出所有的零，而是通过对齐的列来记录所有的移位，这样做虽然写得少了但却需要更加细心。

需要观察的是，移位怎样使每列最多有两个数字符号成为可能。这是因为两个数字的乘积最多只能是 9 × 9=81，而它同样只有两位数字；同时每一行与上一行相比至少会左移一位，所以每列中不可能会同时存在三个数字。

这也就意味着，我们可以尝试在这些数字产生的同时对其进行加和，当然前提是我们可以在头脑中记住每个数字足够长的时间，从而可以将其与下一个乘积的末位数相加。这可以说是在头脑中记住乘法表的另一个理由，这样我们就能够在记忆还在的时候快速计算出乘积。

继续使用缝针来作类比，这一计算过程如下所示：

$$\begin{array}{r} 1783 \\ \underline{4} \\ 2 \end{array}$$

从最右边的数字开始缝第一针，我们有 4×3=12，由于所有剩下的数字都将会左移，所以这里 2 就是整个乘积的个位，我们不妨将它直接写在正确的位置上。而十位上的 1 我们则需要暂时记住，也可以说它需要存在针上。

接下来缝第二针，我们有 4×8，由于 8 在十位列，它代表的是 8 个 10，因此下一个部分是 32 左移一位（我已经记住 4×8=32）。如果回顾一下我们前面的计算过程，你同样可以发现这两个部分：12 和左移一位的 32。值得注意的是 1 和 2 这两个数字是怎样在十位列上对齐的：这是由于 1 是数 12 中的十位，而 2 表示的则是数 320（32 左移一位的结果）中的十位，所以这两个数字需对齐。这里的关键是，我们需要将这两个数字相加，也就是说，数 32 的 2 与 12 的进位 1 相加，这个进位 1 就是存在针上的 1。

这些内容描述起来都有些别扭，更别提阅读了，不过我还是希望你能够跟着我的思路去理解。在某些方面，我更希望你自己可以想明白。既然我们已经走到这一步了，不妨继续看看最终的结果如何（同时也看看在试着解释这些内容时我有多混乱）。

截至目前，我们得到的结果如下：

$$\begin{array}{r} 1783 \\ \underline{\quad 4} \\ 32 \end{array}$$

这里十位为 3（由 32+1=33 个十得到），同时将进位 3 存在针上。继续下一针（以百为单位），我们有 4×7=28，再加上存在针上的 3 得到 31，因此我们将 1 直接写下来并继续将 3 存在针上。

$$\begin{array}{r} 1783 \\ \underline{\quad 4} \\ 132 \end{array}$$

最后，千位数则等于 4×1=4 再加上针上所存的 3，其值为 7，最终结果如下：

$$\begin{array}{r} 1783 \\ \underline{\quad 4} \\ 7132 \end{array}$$

坦白说，我也不能确定作这样的缝针类比是否真的值得。实际上，我更喜欢前面所说的计算方法，虽然写的数字会多一些，但至少会更清楚明白也没有太多的脑力负担。当然，如果你喜欢，这种更复杂的版本也可以作为一种选择。

用这种方法计算 1783×274 的完整过程如下：

```
   1783
    274
   7132
 12481
3566
 488542
```

这里，每一行数都是通过缝针的方式得到的，同时要记住每一行与前一行相比都要继续向左移动一位，从而与其所对应的位值相符。例如，数 274 中的 7 位于十位，其与 1783 相乘所得的结果需要左移一位，即 7×1783=12481，而 12481 需要左移一位。无论如何，我们总是需要将各个部分相加求和，只不过使用这种方式时相加的数会少一些。

当数变得非常大时，这两种方法如何比较取舍呢？

有一件事情我想是确定无疑的，因为它实际上是本章内容的要点，所以我想明确指出：我们观察到了在分组大小保持一致的位值系统中，乘以分组大小与移位等价，而符号相乘的算法无非是矩形分解想法与这一规律相结合的自然结果。

特别是，这些方法与我们通常使用的分组大小十无关，换成任何其他的分组大小，这些方法依然适用。无论我们选择如何去表示数，大的矩形都可以分割成更小的矩形，这是一个数学性质，而不是文化性质。

为了说明这一点，我们不妨设想香蕉部落也提出了位值的思想，并使用印度风格的列取代了他们之前使用的基于重复的标值记数系统。我们进一步假设，他们还发明了符号零，从而无须再使用竖线隔开各列。

当然，他们也需要标值符号来表示零数，也就是一、二和三。具体选择什么符号并不重要，但所选择的符号必须要易写易识别，假定他们最终选择了如下的符号：

O	I	Λ	Δ
零	一	二	三

（除零外，我很喜欢剩下的三个数字符号，因为它们所表示的意义与所需要的笔画数对应。）这样，我们就有了一套四进制位值表示系统。我们所说的数 27，用过去的香蕉部落符号表示是 田口口\\\，现在我们则可以将它写成更简洁的 I Λ Δ 。

特别地，香蕉部落的分组大小四则可以用 I O 来表示，就像我们通常所使用的分组大小十用 10 表示一样，重点是一个分组（无论使用任何语言）永远是一个分组，没有零头。另外值得注意的是，移位操作仍然适用。乘以四就相当于将 \ 转换为口，将口转换为田。这意味着在使用位值记数系统时，我们只需要像以前一样将符号左移一位。

因此，对加法、减法和乘法来说，唯一真正实质性的改变是，一位数的和与乘积将会有不同的表示形式。例如，香蕉部落的成员需要记住的不是 $3\times3=9$，而是 Δ × Δ = Λ I 。同时值得注意的还有他们的加法表和乘法表要小很多。事实上，下面所示的就是香蕉部落完整的加法表和乘法表。

+	I	Λ	Δ
I	Λ	Δ	IO
Λ	Δ	IO	II
Δ	IO	II	IΛ

×	I	Λ	Δ
I	I	Λ	Δ
Λ	Λ	IO	IΛ
Δ	Δ	IΛ	ΛI

可以看出，需要记忆的内容并不是太多。这一方面说明，较小的分组规模可以极大地减轻我们的脑力负担。另一方面，这同时意味着数的表示会变得更长。例如，我们使用的十进制数 1783 用香蕉部落的数字符号表示则是 I Λ Δ Δ I Δ。更长的数字序列也就意味着更多的移位，因此计算过程中也会有更多的步骤。所以，我们虽然节省了记忆的时间，但在计算时却要付出更多的代价。当然，正如我们将要看到的那样，所有这些逐步的计算过程都已经完全机械化了，因此所谓的纸笔计算也变成了一种过时的技能。所以，你愿意学到什么程度都可以，最重要的是要理解其中的思想，如果你想成为一位聪明智慧的算术家的话。

在香蕉部落的记数系统中，Λ、Δ 和 II 的倍数都呈现出很好的规律。你知道是什么规律吗？与印度－阿拉伯系统中5、9和11的倍数相比又会怎样？

有趣的是，我们之前计算过的4×1783，在使用印度－阿拉伯十进制位值系统计算时还有些费力，而在使用香蕉部落系统时则十分简单。毕竟，四现在成为了我们的分组大小，我们只需要将 I Λ Δ Δ I Δ 左移一位就能得到结果 I Λ Δ Δ I Δ O。这样我们就可以容易地将它与其他类似的量进行比较。（如果不存在某种形式的最终比较，可以说进行计算是没有什么意义的。）

下面我们举个更复杂的例子，比如说 I Λ Λ × Λ Δ（用十进制表示则是26×11）。像前面一样组织个位数的乘积并进行相应的移位，并通过查询或者记住四进制乘法表，我们可以得到：

```
    I Λ Λ
      Λ Δ
  -------
      I Λ
    I Λ O
    Δ O O
    I O O
  I O O O
  Λ O O O
  -------
I O I Δ Λ
```

当然，如果你愿意，还可以使用前面所说的缝针方法做进一步的简化。这里的重点是，位值和乘法是朋友，分组大小的改变并不会影响它们之间的友谊。这也是为什么所有早期的标值系统都被淘汰了。

当我们讨论这个问题时，一个分组大小很小的极端例子是二进制系统，其分组大小为二，只需要有两个符号 0 和 1。唯一需要记住的内容只有 1+1=10，让人讨厌的乘法表根本就不存在。当然，我们付出的代价则是数字表示通常会很长，例如，数一百将被编码为 1100100。在二进制中，翻倍是通过左移一位完成的，其中的一切都很正常，乘法则变成了一个简单而又冗长的过程。

计算二进制数的乘积 110×111。

这两个二进制数对应的十进制数分别是多少？

这里我想顺便指出，在单位进一步细分的情况下，只要细分的时候分组大小仍然保持不变，那么整体移位的想法就仍然有效。例如，129 美分乘以 10 等于 1290 美分（相当于左移一位），但如果我们更喜欢以美元来计算，我们也可以说 1.29 美元乘以 10 等于 12.9 美元。又一次，1 美分变成了 10 美分，10 美分变成了 1 美元。记数系统的一致性（数字相同时，每一位的值刚好是前一位的 10 倍）让我们可以对乘以 10 有一个简单的直观解释——移位。

特别是，这为我们提供了另一种观察像 1.29 这样的数的方法，它可以看成是 129 反向移位两次。这意味着，对这样的数来说，除以十就像乘法一样简单，我们只需要向右移位而不是向左移位。

有些人习惯于认为，乘以 10 或除以 10，就像 1.29×10=12.9 一样，只不过是将小数点移动一位。直观地看，这是显而易见的，但实际的情况是小数点保持不变而数字在移动，从而使其值发生变化。虽然这是个小问题，但我认为值得记住。

当然，这意味着，我们不需要对使用的方法做任何改变，就可以将这些表示方式纳入其中。最关键的是要保持所有信息对齐并且完整，前面我们已经看到，这种形式的数相加时，我们要确保其小数点对齐，否则的话我们就是将两个完全不同的事物相加（或者至少是将个位与百位相加）。

从某种程度上说，乘法在这方面要简单一些，因为各种移位操作都可以独立处理。例如，如果想计算 12×3.85，我们可以先将它看成是 12×385，然后再进行两次反移位。这可以说是分组大小保持一致的另外一个好处。这样一来，即使是看上去非常抽象的计算比如 2.3×4.72，也可以看成是 23 个 472，唯一的区别是选择的单位不同。这使我们在计算时无需担心不同位值的含义，最后进行移位即可。

当然，在计算过程中引入一些常识会更好。如果让我计算 2.3×4.72，我会首先进行合理的估算，我要计算的差不多是2乘以5，因此所得的结果应该是 10 左右，可能会大一些或小一些，但绝不可能是几百或几千。

现在，我可以先忽略小数点，直接计算 23×472，所得结果为：

$$8000+1400+40+1200+210+6=10856$$

既然我已经知道结果是 10 左右，所以最终的结果必然是

10.856。或者，我也可以去看看原始的数，发现这两个数与我实际计算的数之间一共相差三个移位。将这样的差别考虑进来，得到的结果还是 10.856，但我认为估算的方法要更好一些。

当我们在讨论十进制表示、移位和估算这些问题时，经常会出现这样的情况（特别是在科学工作中）：我们遇到的一些数，通常是某种类型的测量值，它的值特别大（或特别小），同时又是近似值。在这种情况下，通过利用移位我们可以节省大量空间。例如，四十六亿这个数可以不用写作 4600000000，而是可以简单地写为 4.6[9]，意思是 4.6 左移 9 位；12 克样品中碳原子的数量大约为 6.02[23]，其质子的半径则大约为 8.5[−16] 米（−16 表示 16 次反向移位，即右移）。这是一种快速便捷的方法，可以将大量的信息编码成紧凑的形式。

计算二进制数的乘积 110×101.1，这两个二进制数对应的十进制数分别是多少？

如果是香蕉部落成员，他们又会怎样写这两个数？

除 法

分享——倍数计算的逆过程

让我们暂时抛开数的表示和符号变换的问题，思考一下在进行算术计算时，我们真正在做什么。正如我之前说过的那样（可能说过很多次了），算术是一门为便于比较而对数量进行排列整理的艺术。算术问题通常都是存在一个已知量的集合（无论这些量是如何表示或编码的），我们希望以某种方式将它们组合起来。例如，我们可能有两个量并希望知道它们的和。从根本上说就是，我们有两堆石子，希望把它们堆到一起形成一个更大的堆，这就是加法的本质，独立于任何表示或语言。（当然，堆的数量可以扩展到任何我们希望的数量。）重点是，加法就是将数量堆到一起。类似地，减法则是将一个堆分成两个较小的堆，它们的和与原始的堆相等。从这里我们可以看出，加法和减法是相反的操作。

现代观点认为算术由两类对象组成：数（numbers）和运算

（operation），其中数可以看成是演员，而运算是演员的动作。我们当然想给演员命名，以便区分和比较他们，但戏的内容更多的是他们的动作——他们根据舞台剧本的要求完成的相应动作。在算术这个舞台上，数是名词，运算才是动词。从某种意义上说，运算才是舞台的中心，而数只不过是提供了运算的对象。也许我说得有点超前了，但我想要说的是，我们经常会发现自己所提的问题都是关于数之间的相互作用的，正是这些不同的算术活动，或者说运算引起了我们的兴趣和好奇心。无论如何，这就是现代的观点，重要的不是演员，而是表演！

例如，加法就是一种抽象的运算（即将数量堆到一起），它的行为独立于任何语言或表示方法。当然，一旦采用了某种具体的记数系统，那么你就理应去研究加法运算在这种系统中的"样子"，并开发出一套方法（以及像针这样的辅助记忆设备）让运算变得更快速便捷。这也正是我们一直在讨论的内容。尽管如此，加法却并不是一列列的符号和进位，而是将数量堆到一起。

显然，加法是人们能够进行的最简单、最基本的数的运算之一，还有什么运算能比将两堆数量堆到一起更基本的呢？（事实上，正如我前面提到的，还有一个更基本的操作，那就是数的比较，它是算术运算存在的必要条件。如果我们都不打算去进行比较，那么重新组织数还有什么意义呢？不是用于比较的话，我们不妨把 173×248 这样的计算放到一边。）加法似乎是我们可以用两堆石子做的最简单的事情，当然，减法实际上只是加法的逆运算，将一个大石子堆分成两个更小的石子堆。

另一方面，乘法则要复杂一些。作为一种运算，我们有两个数，并使用其中一个数来表示另外一个数的数量。如果愿意，你也可以认为这两个数分别是指矩形石子阵列的行数和列数，这样石子的总数就是这两个数的乘积。因此，乘法是一种间接的元加法（meta-addition）。而它恰好对称的事实（例如 5×6=6×5）则应该得到真正的欣赏，因为它不仅为我们带来了方便，同时也是乘法运算本身的一个优美特征（与现代行为主义的观点相符合）。无论如何，乘法都是一个非常好的运算，是算术语境中的另一个动词。

动词的特点是，一旦有了一个，我们似乎总是会得到两个，譬如说将门锁上，总会有某个时刻我还需要再打开它；又譬如说系上一根绳子，迟早会有人想解开它。每个可以执行的操作几乎都需要能够撤销，在数学中更是如此，对称性在数学中是如此受人推崇，而数学的想象性质又让我们可以很容易地撤销已经执行的操作。

因此，我们可以把减法看成一种完全必要的语言结构。这样在谈到加法时，我们就有能力提出如下问题：这个数要加上什么数才能得到另外的数呢？这么一问，撤销加法的欲望就立刻随之而来。又有哪个学会走路的 2 岁孩子，没有产生过倒着走的想法呢？

所以说，每一种运算、活动或变换，都存在一种隐含的反向可能性，即相反的过程或者说逆过程。例如，有朝上就有朝下，有顺时针就有逆时针。用《传道书》中的话来说就是，有扔掉石头的时候，就有聚拢石头的时候。

碰巧的是，计算倍数有一个非常自然的逆过程：分享（sharing），这一逆过程在算术中经常出现。假设你很幸运，拥有一大袋让人垂涎欲滴的软糖，并傻傻地答应了要和你的6个朋友分享（或者你也可以假装很慷慨）。你们7个人每人将分得平等的份额，以避免相互比较和偏袒。

这种分享场景的有趣之处在于，我们只知道每个人分得的数量相等，但却不知道每个人到底能够分到多少。也就是说，不管这个神秘的数是多少，该数的7倍等于原来总的数量。这就是分享作为乘法逆运算的原因。

这样的分享在技术上被称为除法（来自拉丁语 *divisus*，意为“分割”），即用一个数去除以另外一个数。具体到刚才所举的例子，我们希望用软糖的总数除以7。现在假设袋子里共有248颗软糖，我们想要知道怎样将这些软糖平均分给7个人。现在需要分的份数和总的数量都是已知的，怎样才能计算出每份有多少呢？简而言之就是，248除以7等于多少？

一种简单的方法就是按人分发软糖，以“你一个，我一个，他一个”的方式分发，直到袋子里的软糖全部分完（同时你也会筋疲力尽）。这个方法的问题在于它需要很长时间。当然，如果袋子里的软糖不多只有几十个，这不失为一个理想的方法——快速、简单，并且非常可靠。然而，一旦数变得很大，你就会把自己早早地埋入轮流分发的循环中。（也许这也是人们不喜欢分享的原因之一；那么共享主义行不通是因为计算太麻烦、太费时了吗？）

幸运的是，还有更有效的方法：与其一次给每人发一个软糖，我们也可以一次给每人发两个、三个甚至更多，这样会使整个分发过程进展更快（也可以让我们恢复对共享主义的希望）。

这里的危险是，我们可能会变得太贪心：贪图的并不是软糖，而是分发效率。每次分发得越多，我们的速度就越快，但这样做也会有风险：我们每次分发的太多，以至于有人还没有拿到他那份而我们手里的软糖就已经发完了。这样的结果一定会带来麻烦，以我的经验来看，人们最不喜欢的一件事就是到手的东西还要再交回去。

这让我们陷入了有趣的困境：我们想尽可能多地一次给每人多分发一些，但如果我们发得太多，就会出现还有人没发到袋子就已经空了的情况。这意味着，任何高效的共享方法都必须以估算为基础——能够大致估算出每次分发多少是安全的，这样就不会出现不够分的情况。

与分享有关的另一个有趣（同时也可能相当烦人）问题是，我们经常会发现还多余几个：在分发给 7 个人同样数量的软糖后，我们的袋子里还剩下两三个。换句话说，除法的结果并不总是完全平均。至于如何处理分发后剩余的，则要视情况而定，就我们所举的这个例子来说，为了公平起见，我们可以将剩下的软糖打赏给宠物狗。现在，普遍的问题就变成了如何高效地确定每个人能够分得多少，以及如果有剩余的话平均分配后会剩余多少。这个剩余的数通常被称为余数（remainder，来自拉丁语 *remanere*，意为“剩下的”）。

如果需要均分的是软糖（或石子），最简单的做法就是直接将它们倒在桌面上，然后再分成 7 堆。开始时我们可以每次每堆分发 12 个左右，等到数量变少后，则可以每次每堆分发 5 个左右，然后再慢慢地变成每次 2 个、1 个，直到发现剩下的已经不够分成 7 份。这剩余的数量就是余数。当然如果运气好的话，可能会刚好均分没有剩余，出现这样的结果总是令人满意的（除了等待奖赏的宠物狗之外）。

类似的过程显然也适用于像埃及计数硬币这样的标值系统。现实中你可能没有实际要分配的对象，或者这些对象难以处理（比如山羊）。遇到这样的情况，你就可以使用计数硬币来代替实物进行均分。问题的关键是，我们感兴趣的是数字，并且我们总可以随后再将数替换为诸如山羊这样的实物。

假设你是一位古埃及牧羊人，现在就想做下面的练习：一共有𓍢𓍢𓍢𓍢𓍢𓍢𓍢𓎆𓎆𓎆𓎆𓎆𓎆𓏺𓏺𓏺只山羊，要平均地分给五个羊倌，那么每人能够分到多少只山羊呢？会有多余的山羊吗？

我们可以设想是要将硬币分成五堆，每个羊倌一堆。由于有足够多的硬币，我们可以首先给每个羊倌分发一个𓍢硬币加上一个𓎆硬币，这样五个羊倌拥有的硬币堆如下所示：

𓍢𓎆　𓍢𓎆　𓍢𓎆　𓍢𓎆　𓍢𓎆

同时剩余的硬币为𓍢𓍢𓎆𓏺𓏺𓏺，由于任何一种硬币都不够五个，所以现在我们需要做一些算术了，让这些数以另外的形式表示从而能够方便地均分。将每个𓍢硬币换成十个𓎆硬币后，我们一共有二十一个𓎆硬币可供均分。这里我们既可以聪明一点（例如注意到二十等于四个五，因此也等于五个四），也可以简单一点（每次分发一个直到不够为止）。无论使用哪种方法，分配之后的五个硬币堆看起来是下面的样子：

𓍢𓎆𓎆𓎆　𓍢𓎆𓎆𓎆　𓍢𓎆𓎆𓎆　𓍢𓎆𓎆𓎆　𓍢𓎆𓎆𓎆

而我们剩下的硬币则为 𓎆𓏺𓏺𓏺 。最后，将 𓎆 硬币兑换为十个 𓏺 硬币后，我们可以为每个堆分发两个并且最后剩下三个。因此，最终每个羊倌可以分到 𓍢𓎆𓎆𓎆𓏺𓏺 只山羊，并将剩余的三只山羊炖了，以庆祝他们成功地完成了山羊的平均分配。（这样做很可能会产生另一种不同的剩余，比如剩余的羊肉。）

埃及法老希望将 𓍢𓍢𓍢𓎆𓎆𓎆𓏺𓏺𓏺𓏺𓏺 副镶有珠宝的手镯平均分给他的三个女儿，那么每位公主能够分到多少副手镯呢？会有剩余的手镯吗？

从中我们可以看出，除法的特点在于它的迭代性质。在整个过程的每个阶段，我们都有一定数量的物品要分发到各个堆上去，在每一轮分发前我们都需要大致估计一下每个堆可以分发多少（为了足够分发，我们的估算值需要保守一些），然后从总的数量中减去本轮分发的数量，再继续重复这一过程。我们的估算值越大（也就是一轮中分发给每个堆的数量越多），整个过程就会结束得更快，当然过早分完的可能性也就越大。另一方面，如果我们的估算值太小，虽然能够保证每一轮都足够分，但整个过程需要的时间又会太久。

下面我们就来看看在印度－阿拉伯十进制位值系统中，这个过程是怎样展开的。我们将使用前面所举的软糖的例子，看看将 248 颗软糖平均分给 7 个人时会发生什么？我们不再去画每堆糖果，而是采用尽可能简单高效的方法，去记录两个重要的数据：每个人分到的数量和我们手里剩余的数量。所以，我们做了下面这样一个表格：

每个人分到的数量	剩余的数量
	248

表格初始的样子如上所示，现在我们遇到了第一个问题，那就是实际上我们手头并没有任何可供安排分发的物品。这正是石子或硬币之类的物品发挥作用的地方，不过这里我们准备只在头脑里想象我们在分发物品。

不仅如此，估算值和剩余的数量也同样需要象征性地计算出来。我们将不得不通过观察 248 这个数字，来得出在第一轮时我们可以给 7 个人中的每个人分发多少，并计算出我们一共分发了多少，从而将这个数从原来的总量中扣除。那么，我们怎么样做最好呢？

我的建议（一如既往地）是不要太辛苦。无论我们决定第一轮给每个人分发多少，显然我们都需要再将这个数乘以 7，所以我们不妨选择一个计算起来很简单的数。我的建议是选择像 8 或 400 这样仅最高位非零的数，这样就能够利用移位来帮助我们完成工作。虽然这样做可能分发的量比较少，因此需要的时间比较长，但至少我们不用在一堆草稿纸上写满计算的过程。

当然，即便是使用这种懒人的方法，也需要我们对两个一位数的乘积有大致准确的了解，但是这样的了解恰恰像熟练使用某种语言一样，离不开练习与实践，而且是大量的练习与实践。例如，我刚好知道 $7 \times 3=21$，并不是因为通过抽认卡和反复训练才将这些知识印在记忆中，而是因为我对数字及其属性很感兴趣，经年累月，这样的信息（尤其是那些对我毕生追求的快乐有帮助的信息）最终在我的头脑中保存了下来。

回到我们要解决的除法问题上，要将 248 个软糖分给 7 个人，我们要找到一个简单的数（即仅最高位非零的数），用它乘以 7 所得的乘积是 248 左右——实际上，不能够大于而是必须小于 248。我们希望这个乘积尽可能大但不能够超过 248，同时还不想乘法的计算太复杂。

这里我在乘法方面的知识和经验就派上了用场。显然，我不能给每人发 100 个，因为那意味着总共需要发 700 个，而我并没有那么多软糖。所以，既然不能够发 100 个，那就在几十个的范围内尽量多发一些吧。如果每个人发 10 个，总共就是 70 个，这显然没有问题，那就这么做吧。现在，我们需要记录给每个人发了 10 个，同时还要计算出我们还剩多少。有了前面做的表格，做这件事情很方便：

每个人分到的数量	剩余的数量
	248
10	70
	178

在第一列写下 10 后，再用它乘以 7 可以得到 70，将 70 写在第二列并与 248 对齐，这样我们就可以按常规的方法做减法了。经过计算之后，我们可以看出每个人现在都有 10 颗软糖，而袋子里则还剩下 178 颗。这一切都合乎情理吧？（显然，你也可以按照自己的

格式来记录这些信息：虽然目前这种方式在我看来是简单直接的，但可能你并不这样认为。）

需要注意的是，我们估算出的值效率并不高，我们原本可以分发更多的软糖，这样剩余的就会更少，不过这并不是太大的问题。说实话，即使每个人分发 30 颗，袋子里的软糖也是足够的：因为 7×3=21，移位之后也就是 7×30=210，仍然小于 248。所以，如果再大胆一点，我们就能够在这一轮中分发更多的软糖。

在这些事情背后，似乎“能量守恒”的原则总是在发挥作用：我们可以选择一遍又一遍地去做大量简单的算术，或者愿意多消耗一些脑力但事情很快就能够完成。（这又让我想到了滑轮：你可以在短距离内使劲硬拉，汗流浃背，或者花时间发明一个精致的复合滑轮组，虽然距离增加了，但这样可以轻松省时。）

无论如何，我们本来可以每人分发 30 颗而不是 10 颗的，不过过去的都过去了，现在这些已经无关紧要了。我们继续刚才的计算，现在还剩 178 颗软糖，接近它的有哪些 7 的简单倍数呢？经验告诉我 7×2=14，由此我知道 7×20=140，这个数与 178 相当接近并且小于它。我们不妨就用这个数，并在表格中记录下相应的信息：

每个人分到的数量	剩余的数量
	248
10	70
	178
20	140
	38

现在通过表格我们可以知道，我们总共发给每个人 10+20=30 颗软糖，袋子里还剩下 38 颗。（如果一开始我们就足够聪明给每个人分发 30 颗，那么第一轮后我们就能得出这样的结果。）

好了，现在我们还剩 38 颗软糖。显然，给每个人发 10 颗是不够的。当然，我们也可以尝试一颗一颗地分发，但很可能我们可以做得更好。每个人发 5 颗怎么样呢？由于 7×5 恰好等于 35，这个数可以说非常合适，所以最终我们给每个人发了 35 颗软糖，还剩余 3 颗。因此，最终的表格如下所示：

每个人分到的数量	剩余的数量
	248
10	70
	178
20	140
	38
5	35
35	3

这里，我将位于第一列的每次分发的数量相加，得到了分配给每个人的总数。（遇到类似的计算，将同一列中的数按位对齐总是值得的，对齐之后进行加减法就会很简单，同时看的时候也一目了然。）总之，这就是计算除法的方法。

如果用 5625 除以 4，又会发生什么情况？

当然，现在人们已经找到了简化这个过程的方法。例如，我们实际上并不需要标记列，而是默认每次分发的数写在左边，剩余的数写在右边。而且除了你自己，又有谁会去看呢？如果这样的计算终归是要完成的，而且是由你根据自己的目的去完成，那么你可以按自己的喜好去做。只要你自己清楚符号都代表什么意思，不感到困惑就可以了。

更重要的是，通过改进估算值，我们可以使整个除法过程更快、更简单。从理论上说，我们总是可以通过选择所能够承受的最大的、仅最高位非零的数，来最大化地提高效率，从而减少计算过程中的阶段或者说步骤。这又是一种权衡取舍，想要更快更高效，我们就必须要有更多的知识和经验。

特别是，我们需要对一位数的倍数有相当熟练的掌握。当人们说某个人“擅长数字”时，他们指的几乎就是这种能力。人们的意思是，当这样的人看到或者听到“27”时，他们立刻就能想到“3 个 9”。也许可以认为这是熟悉滋生蔑视，但我真的不认为算术技能有什么值得骄傲或者让人羡慕的。如果你想培养这种技能，你完全可以做到。走路和说话其实都是非常困难的，但大多数幼儿都学会了。所以，只要你愿意，就一定能掌握好，不要有太多压力。

不管怎样，现在假设我们大致知道一位数的倍数（也就是乘法表），但同时我们也需要掌握它的逆向信息，也就是说我们不仅要知道 3 个 6 等于 18，还要知道 18 等于 3 个 6。这里要表达的意思是，两种知识可以互相转换，这有点像学习外语，你需要学会将英语翻译为德语，同时还能够将德语再译回英语。其实这里我们正在谈论的是字典：将以六为分组大小的数翻译为以十为分组大小的数，然后再回译。这也正是乘法表的真正内容，将用其他分组大小表示的数转换为十进制数。无论如何，假设这些我们都知道，这样我们就可以让除法变得更快一些。

我们的想法是，首先尽可能将所有的千位数都分发出去（使我们的估计值达到最大），然后是尽可能地分发所有的百位数、十位数，最后是个位数。因此，每个十进制位都将会是整个过程中的一个步骤。下面我们通过一个例子来实践这一想法：计算 6842 除以 5，整个计算过程如下表所示：

	6842
1000	5000
	1842
300	1500
	342
60	300
	42
8	40
1368	2

每个步骤，我们都利用自己对 5 的倍数的深入了解，做出了最大的（因此也是最有效率的）估计。如果你喜欢这类计算，它就在那里等你去熟悉、掌握。

事实上，如果你愿意，这个过程还可以进一步精简。由于每次我们估算的值都是仅最高位非零的数，所以它们相加特别简单。我们可以留意一下是怎样得到 1368 这个总数的：它是由

1000+300+60+8 得到的。换句话说，这些仅最高位非零的数之间互不干扰，并不存在换算或者进位一类的东西。1368 中的各个数字就是直接将这 4 个仅最高位非零的数的最高位拿过来。有些人喜欢利用这个特性使除法的算法更快更节省空间。一种流行的格式是将非零最高位的估计值放在被除数之上，并按照相应的位值对齐：

```
 1368
 ----
 6842
 5000
 ----
 1842
 1500
 ----
  342
  300
 ----
   42
   40
 ----
    2
```

这里的重点是，最后我们不需要做任何加法，在除法计算的过程中数字就会放到相应的位置上。当数变得很大时，这种方法可以节省大量的时间和空间。

试试利用新方法来计算 53219 除以 8。

当然，事情可能会变得很复杂，例如，不仅软糖的数量可能变得很大，而且人数也会增加。比方说你可能会发现需要用 17503 除以 13，在这种情况下，估算和乘法都会变得很混乱。下面我们来试试看。

我们的计算其实一开始很简单，因为很容易就能看出可以给每个人分发1000个。用常用的表格表示就是：

	17503
1000	13000
	4503

接下来，我们需要继续问，分发几百我们能够完全承受？知道13的倍数当然会有帮助，但问题是我们不可能知道所有数的倍数，数太多了。所以，有时候我们必须要全力以赴，并做一些辅助的计算。我知道3个13等于39，那么我们能够承受4个吗？我想可以利用下面的事实来回答这个问题：一副扑克牌有四种花色，每种花色13张，总共52张。（不要笑——所有的经验对算术来说都是有用的。）这意味着每个人分发300个共需要3900个，而每个人400个则需要5200个。因此，我们最多只能承受每人分发300个：

	17503
1000	13000
	4503
300	3900
	603

从这里可以看出，除法计算的过程涉及许多工作：估算、乘法、减法以及将数按位对齐，所以我想尽可能地避开它也就不奇怪了。

现在，我们需要估算最多可以给每个人分发几十个。如果此时你想偷懒，简单地给每个人分发30个，我也不会责怪你，因为我们已经知道这样做需要390个。虽然这样做可以暂时让我们省去乘法计算的过程，但接下来我们仍然需要以 10 个为单位继续分发。另一方面，我们可以继续利用关于扑克牌的事实省去计算的麻烦：13 × 40 必然等于 520，它比 390 大而且在我们的承受范围之内。所以，我们接着给每人分发 40 个，所以就是：

	17503
1000	13000
	4503
300	3900
	603
40	520
	83

作为十足的懒汉，我们再次利用 13 × 4 来处理最后一轮每个人分发几个，有什么结果后面再说：

	17503
1000	13000
	4503
300	3900
	603
40	520
	83
4	52
	31
2	26
1346	5

可以看出，最后一轮我们原本可以每个人分发 6 个。不管怎样，我们完成了整个过程得到了如下的结果：17503 除以 13 等于 1346，余数为 5。稍微更有效率的计算过程如下所示（为了少写一些数字，

这里我将不必要的 0 都省略了）。

```
 1346
17503
13
 4503
 39
  603
  52
   83
   78
    5
```

说实话，其实我并不太喜欢这个效率更高的版本，我真的不想为了确保每次分发的数量都是可能范围内的最大值而那么费心劳力。我更愿意我想什么时候分发多少就分发多少。事实上，为了让估算更容易，有时候我甚至会分发得太多（也就是说超出了允许的范围），等发现时再拿回来一些。所以我的建议是，按照自己的意愿去做就好了，效率可以暂时不管。

事实上，用纸笔计算除法并不是特别常见，而且正如我们将要看到的那样，大多数这种冗长的算法过程都已经过时了。当然，如果是为了好玩而去尝试，又是另外一回事了。

4648 根巧克力棒将被分成 17 等份，如果有剩余的话，就归你所有。那么，你将能分得多少个巧克力棒呢？

既然我们谈到了除法和分享这个话题，我想提一个很有趣的性质。当我们说要将一袋软糖平均分给 7 个人时，我们其实在问，哪个数乘以 7 等于给定的软糖总数（暂且不考虑剩余的软糖）。换句话说，7 乘以多少等于一袋软糖的数量？为了明确起见，假设每个人分到 8 个，那么一袋软糖有 56 个。事实上，7×8 等于 56 可以有多种解释。

一方面，我们可以认为 7×8 是七个八（这样 7 个人每人就能分到 8 颗软糖）；另一方面，利用乘法的对称性，我们也可以将它视为 8 组 7，因此 7 是按每人给 8 颗软糖时我们可以给的总人数。换言之，我们可以不用问每一堆能分得多少数量，而是问多少堆能够达到给定的数量。正是乘法的对称性，让我们可以用两种稍微有些不同的方法去思考除法：我们或者将一定的数量分成固定数量的堆，求每堆分到的数量；或者将其均分为固定大小的堆，求能分为多少个堆。

当然，从理论上来说是相同的，实际上只是解释的问题。无论是 7 还是 8 或者它们的乘积 56，都不会在意你以及你遇到的算术问题。它们都在忙着做自己的事（也就是相乘），不会为你那些琐碎的解释问题操心。现代的观点是忽略堆和人的差异，只关注行为：56 除以 8 等于 7，是因为 7 乘以 8 等于 56，仅此而已。没有谁去关注哪个数被认为是人的数量，哪个数被认为是堆的数量。

我想指出的另外一件事是，除法过程与移位同样配合得很好。就像乘以 60 与乘以 6 基本上相同一样（只有移位的差别），除法也是如此。事实上，既然乘以 10 可以被认为是简单的移位（向左移一位），那么除以 10 则可以被看作是反向移位（也就是向右移一位）。

这意味着，所有的除法过程对小数点后的数即细分单位也同样适用。例如，如果要将一笔 324.87 美元的借款变成 5 期等额分期付款（假设是无息借款），我们可以按以下方式进行计算。首先，忘掉小数点，这样我们就有了 32487 单位的钞票（这里是美分），然后按正常的方法除以 5：

	32487
6000	30000
	2487
400	2000
	487
90	450
	37
7	35
6497	2

由于移位可以在任何时候完成（也就是说不需要承诺具体的单位是什么），我们将移位操作留到最后。因为一开始我左移了两位将 324.87 变成了 32487，所以现在我们需要将所得的数右移两位以抵消左移操作的影响，也就是每期应还 64.97 美元，同时还欠 0.02 美元即 2 美分。（这 2 美分是否需要以及如何偿还由你和借款人协商。）

这里的重点是，只要我们能够保持头脑清醒，像乘除这样与位值相关的计算还是有很大灵活性的。

如果我们将 324.87 美元的借款变成 50 期等额分期付款（假设仍然无需考虑利息），情况又会怎样？

很多情况下，我们对计算的精度要求比较高，特别是在科学和工程等技术性更强的领域。在这些情况下，余数就成了问题。例如，如果一个体积为8升的液体样品重7.25千克（即7250克），那么该液体的密度（以克/升为单位）可通过除法计算得到：即将7250除以8。按通常的程序计算，我们有：

	7250
900	7200
	50
6	48
906	2

这里，余数就会给我们带来麻烦。是的，我们可以说该液体的密度大约是906克/升，但只有样品的重量减少2克，密度才会精确地等于这个值。或者我们倒掉一点样品再重新称重，但如果那样的话，样品的体积就要比8升少。正确的做法是将单位分得更精细一些，与其把7.25千克看成是7250克，不如我们把它看成是7250000个更小的单位（这更小的单位就是毫克，不过这并不重要，重要的是我们通过一连串的移位来提高精确度）。重新进行除法运算，我们有：

	7250000
900000	7200000
	50000
6000	48000
	2000
200	1600
	400
50	400
906250	0

现在，令人不快的余数不见了。重新移位回到原来的单位，我们得到的密度是 906.25 克 / 升。

如果还有余数的话，我们可以继续移位（以获得更高的精度）；或者如果余数部分代表的量非常小以至于造成的误差可以忽略不计，我们也可以直接忽略余数。比如说，我们可能不在乎每升的误差为 0.00003 克。

在每一个实际的、现实世界的场景中（甚至包括粒子物理学和宇宙学），总会存在一些精度的阈值，一旦超过了这个阈值，事情就会变得毫无意义。首先，我们的原始数据只可能是近似的，而不可能完全准确。科学家和工程师、木匠和裁缝、面包师和农民都会经常使用算术，但最重要的技能是要知道什么样的精度是合适的，特别是什么样的余数可以放心地丢弃。如果存在一个公认的惯例，那就是：不要费心追求比原始数据更高的精度。如果遇到的情况是用 125.26 除以 3.8，由于这里原始的数据只给出了小数点后的一到两位，所以我们努力地得出一个像 32.9631579 这样精度的数据是很荒谬的。如果是我，我给出的答案很可能是 33，因为它已经足够准确了。

一般来说，当人们写出 3.8 这样的数字时，他们的意思是能保证这个数是 3.8 左右，即位于 3.75 到 3.85 之间。如果知道得更多（或者关注得更多），那么他们就会给出一个更准确的估计，比如说 3.83，但这同样只能告诉我们这个数是在一定的公差范围内，最后一个数字总是有些不确定。某个测量应该达到什么精度，并以此为依据提供包含多少位有效数字的数据，这是测量工作需要解决的基本问题，这个问题的答案取决于我们具体做的是什么测量，以及目的是什么。

你在实验室测量出三个试管中液体的体积分别为 30.25、27.12 和 32.62（单位为毫升）。当你把它们倒入一个试管混合后，你发现总体积要比 90 毫升稍微多一点，看到这样的结果你会感到惊讶吗？

机械计数器

将记数变为纯粹机械活动

也许，位值算术最令人惊讶和强大的地方在于，它如何将任何计算简化为一组纯粹抽象的符号操作。我想从原则上来说，甚至任何一个人都可以被训练来执行这样的符号转换程序，而不需要理解这些符号背后的潜在意义。我们甚至可以强迫年幼的孩子去背诵符号表和无意义的步骤（如果我们可以如此残忍的话），并根据他们在这种沉闷无趣的活动中的表现给予奖励或惩罚。这将有助于保护我们未来的上班族，使他们不能偶然地建立个人与算术之间的关系，并将它作为一门技艺，也不能享受算术观点所提供的视角。这样，我们就可以把整个企业变成一个呆板的机器，然后奖励那些最愿意成为可靠和顺从工具的人。我不知道你能否想象出这样一个噩梦般的反乌托邦世界？我们还是尽量不要去想它。

每当人类开始意识到自己是在执行无意识的重复性任务时，就会有人产生聪明的想法，制造出一台机器来代替自己完成任务。算术也不例外。当可以让机器帮忙去做的时候，我为什么还要浪费时间去纯粹机械性地移动符号？当我可以雇用一个无生命的机器来完成工作时，我又为什么要忍受一个脾气暴躁、不可靠的人类职员呢（他甚至期望得到报酬）？即使是“顺从学校”培养出来的人类“机器”，也还是比不上真正的机器。

从犁到陶工的轮子，从织布机到缝纫机，人类总是会想方设法使有用的活动机械化，把辛苦枯燥的劳动交给机器去完成，从而让自己可以自由地思考、放松并创造艺术。（这同时也让整个工业减少了对劳力的需要并让劳工陷入贫困，造成了大面积的社会不平等和动荡，甚至最终导致了阶层战争。）

最简单的机械算术装置是计数器，如里程表或转盘，每转一圈，计数器的计数就会增加。还有一些简单的用于计数的手持设备：每按下按钮一次，设备显示的数字就会加一。那么，这种机器是如何工作的呢？

让机器为我们去做一件事的诀窍，就是找到一种能去掉过程中的领悟和理解的方法，把它简化为一种纯粹的机械活动。在整个过程中，不仅不需要理解发生了什么，更重要的是根本就不必去理解，否则我们怎么能让一堆无意识的齿轮和弹簧完成任务呢？

这并不是说机器理论上不能思考，而只是我们还不知道到底什么是思考，或者如何让它发生（尽管我们似乎已经很擅长找到不让它发生的方法）。当然，有一些生物机器显然是能够思考的，比如说我们，但这些并不是我们设计出来的，我们并没有真正了解它们是如何工作的。

所以，构造任何机器的第一步，就是把你希望它执行的程序分解成一连串无意识的、死板的机械活动。当编织挂毯时，我们很清楚自己是如何选择一根绿线作为叶子的一部分，但是自动织布机不可能有这样的想法，它只是机械地按照指令去行事，它选择一根绿线并不是因为它打算这样做，而是因为它被设计去这样做。同样地，我们的血液在血管中流动也不是因为我们自己的选择；不管喜欢与否，我们的心脏都在跳动。（如果不跳动，我们也就死亡了，所以在大多数情况下，我很高兴它在跳动。）

因此，我们必须以某种方式让机械计数器在并不真正懂得的情况下，“知道”如何递增（即在原来的基础上加一）。特别是，虽然该设备可能会为了方便我们而显示印度 - 阿拉伯数字，但它却并不（也不可能）理解这些数字的含义。这意味着我们需要想出一个“加一”的物理解释，尽管这个解释本质上毫无意义。

一个简单的想法是做一个卷轴，一个写有连续数字的长纸条，这样每转动一下曲柄，就会将卷轴转到下一个更大的数字上。

这当然已经足够机械了。豪华版计数器可能会有某种外壳或盒

子，把它放在里面以便于手持和操作。我们还希望有某种显示窗口，这样我们就能够看出当前是哪个数字。最后，我们可能想设计一些方法来防止它被意外转动或者向后滑动，这样它就不会太脆弱。也许每次我们转动卷轴时，能有令人满意的咔嚓声就更好了。典型的解决方案是加入一个棘轮装置，它是由一个简单的齿轮加上一个弹簧销组成的，以防止曲柄转动过于自由。

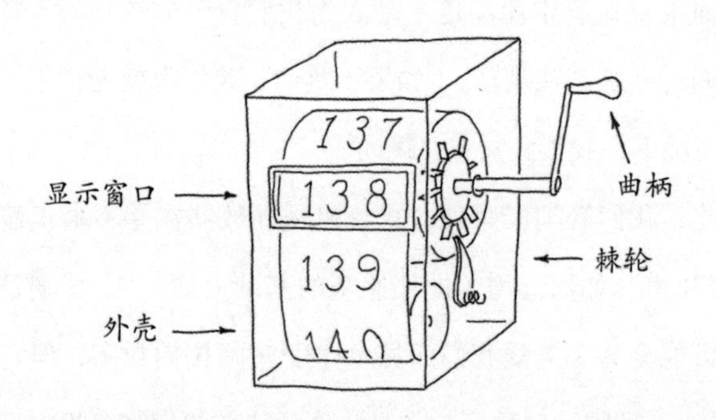

虽然很简单，但这种计数装置却有一些非常方便的功能。当然，它使用起来也很方便，我们只要转动曲柄，当前的计数就会在显示窗口中显示。如果需要的话，对棘轮稍加修改，我们就可以让它向后转动，以纠正意外的过多计数。

迟早（甚至可能是现在），你可能就会注意到这种设计中固有的一些不便。除了需要准备写满连续数字的长卷轴这一烦恼之外（纸条有多长取决于你打算用它来做什么），还有一个问题就是每次你想使用它的时候都要重新设置它，或者说“清零”。如果昨天已经数到了三百多，那么在今天计数时我们就需要重置设备，必须花一些时间将卷轴倒回开始的位置（大概会显示数字 0），这可真够烦人的。

我们能做得更好吗？我想我们可以准备一些现成的新卷轴，在每次使用时用新卷轴替换旧卷轴，但这似乎并不是最好的办法。如果不是必要的话，我不愿把它打开，也不去替换卷轴。我只想要一个可靠的、易于使用的手持设备，如果可以避免的话，我也不想去做这样长长的数字卷轴。

技术总是在不断发展。就像植物和动物对环境变化的反应一样，根据基因设计的适应性，繁荣生长或艰难应对、灭绝或变异以能更好地适应环境，机器也同样如此。只不过对机器而言，所谓的“环境”就是人类的使用，创新推动了机器的进化过程。一旦发现一个新的想法可以纠正现在的一个问题或者消除现在的一个烦恼，那么旧的设计就谢幕了。博物馆里的恐龙既有真正的化石恐龙也有机械做的假恐龙，它们最大的区别在于进化的速度。技术的进化速度要比自然生物快得多，因为我们的创新是有目的的，而不是随机的、无方向的基因突变过程。当我们希望改进现有机械设计的某一功能时，我们是有意的，头脑里是有目标的。虽然我们并不总是成功，也不善于预见意外的副作用和消极后果，但它远非随机的。这意味着技术变革既迅速又不可预知，但你又能做什么呢？人类的好奇心很强，可以说既非常聪明也不可置信的愚蠢。

希望我们对计数器的改进不会造成太多的无意伤害。数字轮（digit wheel）的想法是一个重大的历史创新。我们不再使用繁琐的书面数字卷轴，而是简单地用一个单独的轮子和轴来记录每个数字。这不仅让我们从长长的数字列表中解脱出来，而且还允许我们单独影响和控制每个数字，使重置的操作更快、更简单。

每个数字轮都需要有自己的棘轮机构，而且我们很快就会看到，还会有更多复杂的情况。这是相当典型的技术发明和革新，在数的语言的历史和发展中，我们也同样看到了这一点。这些革新和进化几乎总是可以归结为一种权衡取舍：更容易使用，但却更难理解；更快更方便，但却更不直观；功能更多，但中断也更频繁。

无论是机械的、生物的还是文化的，进化的问题在于知道什么时候停止。八脚的蜥蜴真的是个好主意吗？高跟鞋和电视遥控器呢？哪些是真正有用的创新，哪些又只是后人会觉得可笑的时髦呢？

我认为数字轮是一个很好的发明，虽然基本思想相同但是变体却有很多，我最喜欢的是下面这个这样的：

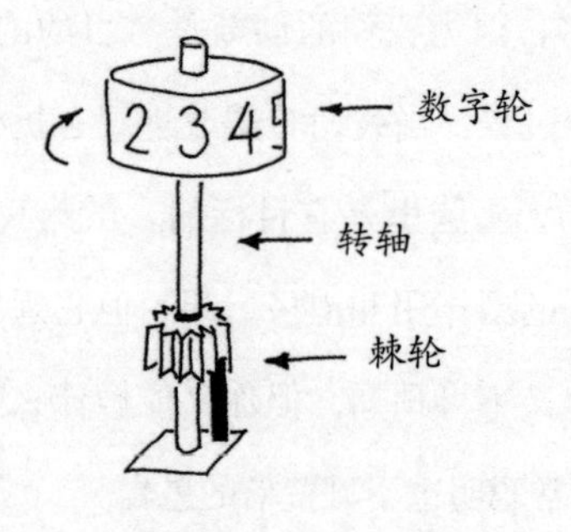

在这个设计中，每次数字轮在轴上转动时，棘轮就会发出咔嚓声，前面显示的数字就会加一。对于多位数计数器，我们只需将其中的几个数字轮依次排列即可。

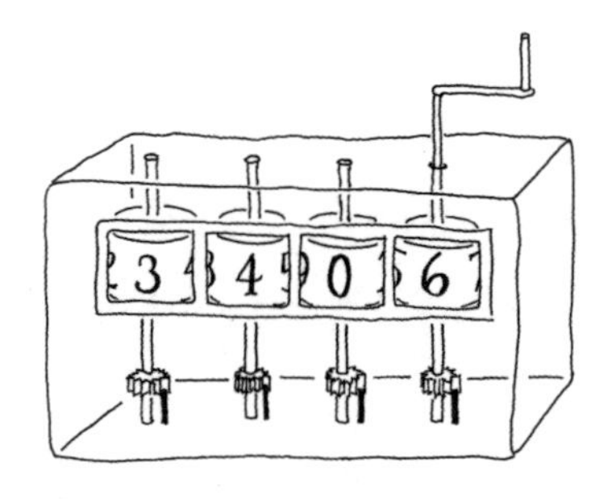

这是一个四位数计数器的设计，每个数字都有自己的显示窗口，曲柄（如果你喜欢也可以叫旋钮）直接连接到个位数字轮的轴上。

你可能已经注意到了我们的第一个问题：当计数器显示的数字为 9 时，如果我们再转一下曲柄，计数器将重置为 0 而不是显示为 10。这里的问题是，个位上的数字在转来转去，我们需要想办法让它通知十位上的数字，它刚刚"转回"到零，是时候让十位上的数字加一了。所以，问题在于没有实际的障碍设置——我们需要让个位的数字轮在合适的时间抓住位于十位的数字轮。

最简单的方法就是在个位的转轴上装一个"进位针"（carry pin），而在十位的转轴上装一个相应的"进位齿轮"（carry gear），如下所示：

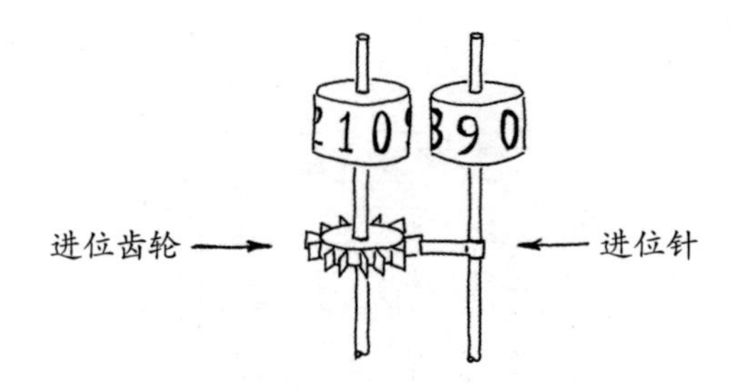

进位针只与随着个位数字轮一起旋转，在大部分时候它什么也

不做，直到个位数字轮到达最重要的位置9，此时进位针与十位转轴上的进位齿轮啮合，因此当个位前进到0的位置时，它就会自动带着十位数字轮转动。当然，针的宽度和轮齿的间距都要精心设计，这样十位数字轮才会转动得恰到好处，但这正是工程师们津津乐道的琐碎细节。

其实这个设计还有一个奇怪的副作用，那就是当个位数字轮从9转到0时会导致十位数字轮反向旋转。相互咬合的齿轮的性质就是对向旋转，也就是说如果个位数字轮顺时针旋转（进位针同样如此），那么十位数字轮就必然逆时针旋转。这意味着我们必须把十位数字轮的数字顺序反过来，就像我在上图中所画的那样。不知为什么我觉得这个场景很有趣，当然，如果你不喜欢这样，你可以随时试着用你的方法来解决这个问题（例如，插入更多的齿轮等），但这里我们想保持事情的简单。

与此同时，我们可以做的另一项改进是，用不那么麻烦的旋钮或调节盘来代替曲柄，而且还可以在每个数位轴上安装一个这样的旋钮或转盘，使它们可以独立调节。我们新改进的计数装置可能是下面这样的：

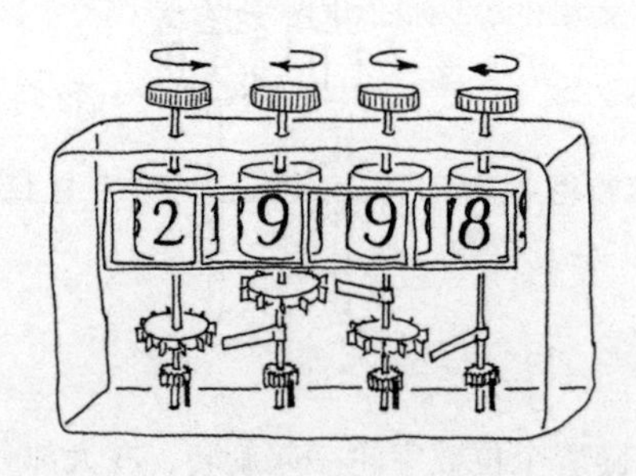

每个转轴都有一个进位针和一个进位齿轮（尽管两端的转轴并不需要）。由于它们可以放在转轴任意高低的位置上，所以我们可以将它们交错放置（如上图所示），以免互相干扰。此外，各个数位轮将以顺、逆时针交替的方式旋转。

最终，我们有了一台名副其实的计数器。另外，由于每个转轴都有自己的控制装置，所以我们只要转动十位旋钮两下（当然方向必须正确），就可以很容易地在当前计数的基础上增加 20。不仅如此，只要将旋钮反过来旋转，也很容易减去相应的数。

当我还是个孩子的时候，妈妈经常带我去市场，她就用这类设备来记录她花了多少钱。她经常让我拿着它，然后告诉我下一件商品的价格，比如说 2.39 美元，然后我就转动旋钮（或者是按钮？）把它加到总数上：百位转两下，十位转三下，个位转九下。当一个数位的转动自动推动下一位转到新的位置上时，我简直高兴坏了。6 岁时我就喜欢它，现在仍然喜欢。又有谁能拒绝看着里程表正好转到 100000 英里呢？进位针到底有怎样普遍的吸引力呢？

我想这就是生命的本质。与会动的东西相比，没有生命的物体从本质上说是很无聊的，因此我们特别喜欢观看某个事物自己移动。不仅如此，我们还倾向于给它以同伴的地位，我们会说“看它在做什么”以及“它想要什么”之类的话。我们认为它在一定程度上具有意识和意图。如果一个事物足够复杂，我们甚至可以赋予它个性，比如人们经常说像“我的车最近真的很古怪”或者“烤面包机今天好像不喜欢我”之类的话。这也可以从 animate（有生气的）和

animal（动物，来自拉丁文 *anima*，意为“灵魂”）等词的词源中得到印证。当事物自行移动而不需要我们去给它推力时，我们往往会把它们看作是有生命的生物。

也许最关键的要求是事物要有反应，根据外部环境的不同而去做不同的事情。仅仅因为河水沿着河床流动，我们并不会认为它是活的，我们希望看到的是它能够调整自己的行为并“做出决定”。

进位针所做的，正是以一种公认的可笑而简单的方式表现了我们的这一认知：它使我们的计数器表现得像是对位值算术有所理解。当我们转动个位旋钮时，十位数字轮只是待在那里不动，直到个位由 9 变成了 0，这时十位数字轮似乎对这一消息做出了反应，并以一种有点让人毛骨悚然的方式自行移动。

读到这里，也许你会翻白眼，对我赋予一个计数设备以意识（不管是多么有限的意识形式）的奇思怪想嗤之以鼻，但人们不是经常对计算机做同样的事情吗？人们在理智上明白，计算机（显然要比我们的机械计数器复杂得多）不过是一大堆相互连接的晶体管，但我们仍然发现自己会说“它在干什么？”以及“我想知道它为什么要删除我的文件？”这样的话。从本质上说，晶体管只是一个开关：它根据一定的输入电压来控制是否传输电流。也就是说，根据环境的不同它有不同的反应。所以，它其实就是一种更复杂的进位针。将足够多的晶体管连接在一起，我们就得到了一台“思维机器”。

就这一点而言，神经元除了是（特别复杂的）生物进位针外，还能是什么？神经元也会根据输入来传递电脉冲，就像晶体管一样，主要区别在于神经元不是我们发明的。因此，我们还不完全理解它们的工作原理，尽管如此，仍然可以认为神经元是一个生物开关，如果将足够多的神经元连接在一起（比如说一千亿个左右），我们就能得到人的大脑。我们赋予这些东西以意图和意识时，似乎并不存在什么问题。

所以我在想，当我们看着计数器上显示的数字从 0999 翻转为 1000 时而感觉到它有某种动物性的反应，是不是真的有那么傻呢？当我们坐下来和朋友一起喝咖啡聊天的时候，谁又能说我们或多或少不是这样去做的呢？大脑中的几百万个神经进位针（明显地）触发了我喝一口咖啡的欲望，并使我迅速看了一眼手表，然后说："是的，我完全理解你的感受。"不知道你会怎么想，但我是能够接受这样的想法的，即我们只不过是一堆更复杂的进位针而已。这很有趣，因为我正坐在这里和你讨论它们。

事实上，整个世界几乎就是一个自动化失控的案例。所有的东西都在移动，对化学的和物理的进位针做出反应。所以，你想笑就笑吧，我还像 6 岁时一样，看到自己会移动的东西就感到高兴。如果你不想把里程表看成是有生命的并且拥有灵魂，坚持自己的看法就好了。但我和里程表之间有很美好的关系，它一翻转，我就会心醉。

无论如何，现在我们有了一个简单可靠的机械装置，可以自动计数。利用独立的位值旋钮，我们可以很容易地将任意数量加到当前的总数上，并且计数器（通过进位针）会进行必要的"换算"，尽管它完全不懂。

正如你想象的那样，几个世纪以来，从 15 世纪达·芬奇的木制齿轮和进位针到现代的高精度机器部件，人们对这些想法进行了大量的阐述。设计上的改进不仅提高了可靠性和操作的简便性，而且还扩大了运算范围，包括加、减、移位、乘和除。当然，这些都需要更复杂的机械来实现，但在理论上却并不令人惊讶。如果一项任务可以完全机械地、按部就班地完成，那么聪明的工程师找到办法让齿轮和操纵杆来完成任务，就只是时间上的问题。

20 世纪 30 年代末发明的科塔计算器（Curta calculator），可以说是手持机械计算设备的典范。

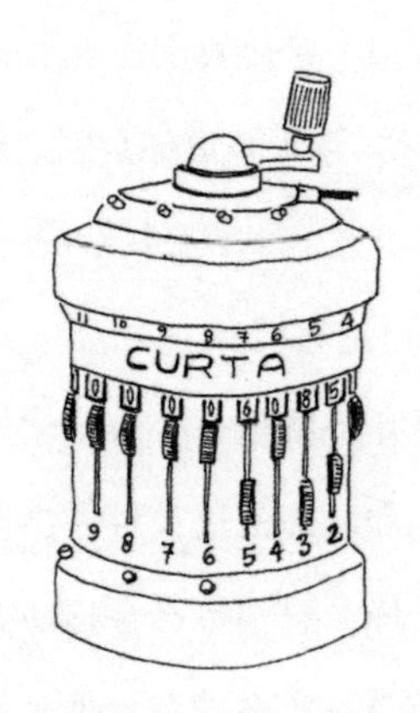

科塔计算器是由一位奥地利工程师（同时也是集中营的囚犯）在二战期间设计的，在同尺寸内它曾经是（现在仍然是）最可靠、最方便、最强大的机械计算器。该设备最多能精确到小数点后 15 位，并且能够在几秒内完成任意多位数的加、减、乘、除运算。

当然，没过多久，全自动的电子版就出现了。我还记得小时候玩过爸爸的电动台式计算器，它是绿色的，又大又重，尤其是声音很大。

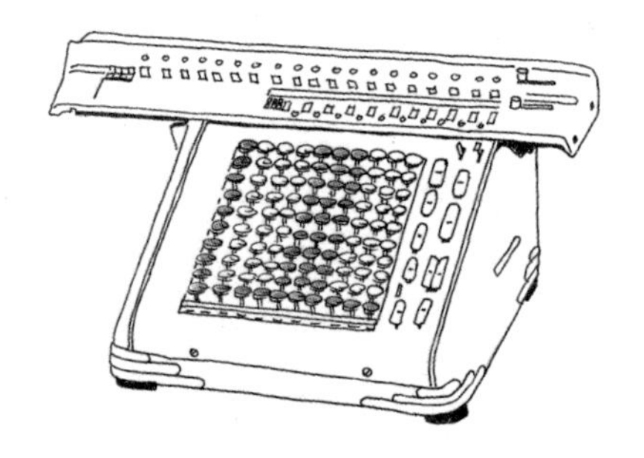

要将两个数相乘，我们需要去按这两个数每个数位上的数字，然后再按乘法按钮——咔嚓咔嚓咔嚓——计算器就会开始移位和总计，几秒钟后，乘积就会出现在显示窗口中。在整个过程中，我们甚至都不需要转动曲柄！

电动机械台式计算器（以及它的表兄弟自动收银机），几乎意味着老式纸笔运算的结束。当然，人们现在还是会不时地进行一些简短容易的计算，但对于大多数大规模的商业或科学计算，我们还是让机器来完成，我们也应该这样做。毕竟，机器比我们做得要更好。（如今，真正费心去用纸笔计算的人只有小学生了，而且他们还是被迫这样做的。）

这些机器的真正不便之处在于它们的体积和重量，使得它们的便携性远不如算盘或铅笔。20 世纪 50 年代初，随着晶体管的发明，这一最后的技术障碍被克服了。晶体管是一种固态的电子器件，本质上它是一种电压控制的开关，它的出现取代了我童年时期那些老式的、更笨重的真空管。（我仍然记得，当爸爸允许我在我们当地的药店用检测仪来检查有问题的收音机和电视机的真空管时，我是多么兴奋。）几乎是紧接着，更小、更轻、更便携的晶体管收音机就出现了，使人们在人类历史上第一次实现了走到哪里都能够听到音乐。

晶体管与之前的真空管一样，是一个三极管，它是一种允许电流以确定和可控的方式流动（或不流动）的装置。

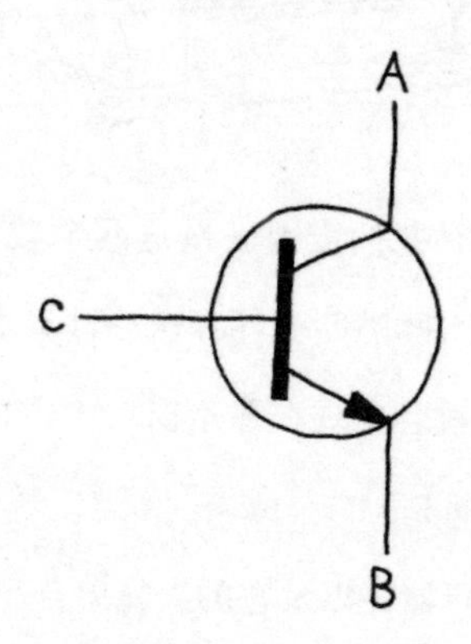

在上面的原理图中，电流将在端口 A 和 B 之间流动，但只有在第三个端口 C 被设置为合适的电压水平时，电流才会流动；否则，电流就不会流动。这一特性让我们可以设计和制造出“智能”的电子电路：就像进位针一样，它们会根据不同的情况表现出不同的行为。

特别是，我们可以创建逻辑和记忆电路，这些电路可以根据按了哪个按钮，对信息进行保存和操作。这样一来，机械式计算器就可以完全用电子方式重新设计，既没有噪音也没有任何运动的部件（除了电子在运动外，但电子的运动是听不见声音的）。进位针的作用被逻辑电路所取代，数字轮和显示窗口则被（如今无处不在的）七段发光二极管（LED）显示器所取代，如下图所示：

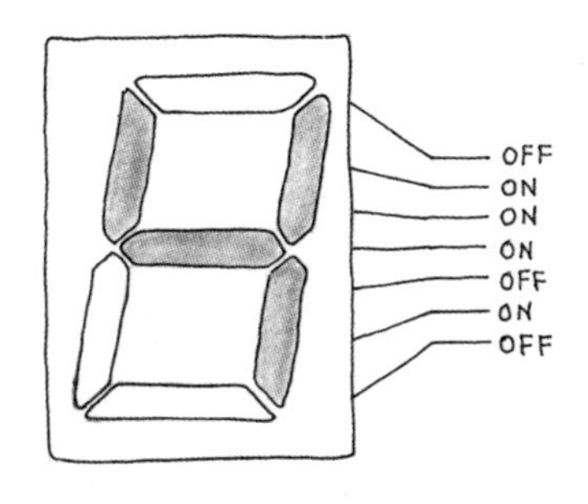

每个端口都为一个单独的 LED 提供电流，这样，各个数字符号都有自己对应的输入电压模式（为了简单起见，我用 ON 和 OFF 来标记每个 LED 的输入电压）。数字 4 的显示如上图所示，它的电压模式则是（记录顺序为从上到下从左到右）

OFF ON ON ON OFF ON OFF

这样的显示很有趣，同时也提供了另一种数字表示的例子。首先，由于数字电路简单的两态性质，电压可以是 ON 或 OFF，通常都会用二进制（即基数为二）来编码信息。例如，数字 13 将会以序列 ON ON OFF ON 的形式保存在计算器的存储器中，对应的二进制表示为 1101。其次，所有用于加法等的逻辑电路都必须进行相应的设计。也就是说，实际上在数相加时我们使用的是二进制。但是为了让传统守旧的人类操作员满意（他们希望看到通常使用的十进制数字符号），设计电路时还必须增加额外的步骤，将这些信息转换为完全不同的 ON/OFF 序列，以便让 LED 显示出数字。

当然，要设计和制造所有这些电路并使它们正常工作，可不是一件小事，但也正是这些让电子学变得具有挑战的乐趣。并且它们看上去似乎是有生命的，现在就连在熟食店里的“取号器”之类也是自动递增的，而且完全看不到任何齿轮。

电子袖珍计算器具有运算速度快、运行无噪音、价格便宜、计算可靠等特点，上世纪70年代末我还上高中的时候，它们就已经随处可见了。它们用起来方便，重量轻又便于携带，似乎瞬间就让以前所有的计算技术都变得过时了。现在，基本每个厨房的杂物抽屉里都有一台。不断的微型化和大规模的生产使它们不仅比纸笔运算更快捷，而且更便宜轻便。

如今，即使是功能最强大的手持式电子计算器也已经基本绝迹了（只能够依靠制造商向教育测评公司行贿而存活），取而代之的是诸如笔记本电脑和智能手机等多用途设备上的计算软件。现在，你可以在电子手表上进行一个计算并立即得出结果，而同样的计算却需要阿基米德花费几个月的时间在沙子上划痕。

这可以说是所有技术的发展方式，一开始，复杂的人类技能需要经历多年的学徒时光和实践，然后逐渐完善并简化为一系列可以无意识执行的重复步骤，最终沦落为机器的工作。从积极的方面来看，技术的发展解放了工匠，让他可以把精力投入到更具有创造性的工作中去。一个画家如果不用自己制造颜料和画笔，就会有更多的时间去研究构图和光效。

机械化的缺点则是，设备只是机械地操作，没有了伴随着老式手工方法而产生的对品位的理解和经验。在印刷厂里长大，不仅让你接触到各种字体和平面设计选项，而且每一行字体的手工设置、手动印刷机所需的套准和对齐的要求、指尖下油墨的气味和质感，都创造了一种文化和对细微审美的欣赏，这显然是现代点选式的自动排版中非常缺乏的。

所以，我想这个问题可以归结为目标性和实用性的问题。如果你想制作出品位和质量都无可挑剔的印刷作品，那么我建议你去旧世界的印刷厂当学徒，然后拿出排字盘和版框。如果你只想打印办公室用的聚会传单，那么我想你不妨直接拿起鼠标，点击“传单模板”或者其他类似的东西。

同样，如果你想从算术中得到的只是总计一下今天的收据或者做税，那么无论如何都需要拿出计算器，我当然也会这样做。除了自己愿意之外，没有什么实际的理由可以解释为什么有些人想要更深入地理解算术。对我自己来说，我永远不能满足于仅仅使用一个系统或一台机器，而不理解它为什么能够工作以及是怎样工作的。也许是我的好奇心太强了。我踩下踏板，汽车自己就开动了，它到底是怎么工作的呢？（我想在搞清楚之前，我宁愿把汽车拆开，而不是用它来搬运杂货。）就算术而言，我不仅想了解它本身，“因为它就在那里”，而且作为一个数学家，无论是抽象意义上的还是符号编码形式上的，我对数及其行为方式很感兴趣。这就是为什么我想要独立于任何特定的文化选择，并尽可能灵活地思考。我既想要通过对算术的抽象理解而带来的视角、智力和创造力，又不想错过快速可靠、廉价又轻便的电子计算器所带来的便利。请给我一台机器去完成那些枯燥的机械性工作，这样我的头脑（那另一台机器）就可以自由地去做生活中更有趣、更有想象力的事情，比如数学。

∨
∨
∨
∨

分 数

保存精确的信息

至此，算术的实际问题得到了完全彻底的解决。事实上，现在几乎每个人都可以得到廉价便携并且相当可靠的电子计算设备，而且很多人无论走到哪里都会将这些设备带在身上。表示法和算盘系统的漫长历史传奇已经结束了。现在，你可以放心地把你的沟算盘和计数石、计数硬币还有算盘都扔掉，铅笔和纸也可以放进抽屉里了。如果需要做一些印度 - 阿拉伯十进制数的运算，你只需要拿出手机按一些按键，结果就出来了。

不用伤心也不用哭泣，有兴盛就有衰亡，万事万物从来都是如此。你家里还有纺车吗？你穿的衬衫又是谁织的呢？我来告诉你，答案是大型自动化可编程工业纺织机，是它织的衬衫，但这并不是什么大的损失。如果你愿意，你仍然可以用过去的方式来编织和纺纱。这需要花费更长的时间（花费的钱可能也更多），但你仍然可以自己去买一些羊毛和织针，度过一段美好的时光。事实上，我推荐你这样做。

同样，如果你愿意，你仍然可以用手工的方法去做算术。石子堆仍然是一个选项，你可以随时制作出自己的沟算盘（如果你还没有的话）。许多年长的日本人仍然喜欢使用算盘，而且非常熟练，速度很快。也许这甚至会重新点燃你与纸笔算术的关系，把它看作一种古雅的13世纪的民间艺术。无论怎样，重点是算术的故事已经结束了，至少从世俗实用的角度来看是这样。现在我们可以把注意力转移到算术这一优美主题更概念化、理论化的方面，我们的目标不再是实用性，而是智力上的愉悦和理解。

我想回到我们在谈论除法时出现的一个问题，即如何处理那些讨厌的余数。比如说，我们有17颗软糖，希望分给4个人。当然，我们可以给每个人4颗软糖，然后还剩下1颗。以前我们只是简单地把它打赏给宠物狗，现在我想看看另一个不同的选择。

假设我们拿出一把锋利的小刀，把剩下的软糖切成块，如果足够细心的话，我们可以把软糖切成4块同样大小的，然后每人分1块。这样一来，我们就把软糖平均地分给了4个人，没有剩余。每个人都会得到4颗完整的软糖和一颗不完整的软糖（可能会很黏），也就是所谓的分数（fraction，来自拉丁语*fractus*，意为“破损”）。我们可以说，剩下的软糖被四等分了（即被切成四等份），每人分到4加1/4颗软糖。所以根据不同的情况，我们可以选择完全平分（必要时使用分数），也可以坚持使用原来的余数制系统（可能需要有宠物狗）。

当然，并不是所有的事物都能够进行这样的切分。比如说，如果我们要平分一批小提琴，就不会存在把小提琴切开的情况，有些东西是可以切分的，有些东西则不可以。这与我们认为某个事物是否是可再分的有关，我喜欢称之为“囫囵整个的（lumpy）”与“平滑可分的（smooth）”。小提琴是囫囵整个的，如果你将一把小提琴切成两半，它就不再是小提琴了，狗也一样。但是牛奶就不一样，只要你愿意，想分成多少份都可以。如果我们有一加仑的牛奶要分给4个人，那么每个人可以分到四分之一加仑（简称为夸脱）；如果有更多的人，那么我们可能就要求助于品脱、杯子、汤匙最后甚至是一滴这样的可以度量液体体积的单位或容器，但牛奶并不会大惊小怪，也不会不再是牛奶。牛奶是平滑可分的，其他液体同样如此。

关键是当你在分配事物时，重要的是要了解它们是囫囵整个的还是光滑可分的。也就是它们是以单个的、不可分割的单位出现呢，还是能够任意无限地细分呢？

当然，在现实生活中，有时候这个决定可能会变得相当棘手。关于现实本质的哲学和科学争论由来已久，物质是平滑可分的，还是囫囵整个的？（原子atom这个词，其实来自希腊语，意为“不可分割”。）那么时间和空间呢？事实是，我们仍然不知道真实的物体能够分割到什么程度。化学家可能会说，一个黄金原子仍然是黄金，但再进一步把它分割成亚原子粒子，它就不再是黄金了。从这个意义上说，黄金是囫囵整个的。但另一方面，一盎司的纯金（由数十亿个原子组成），就所有的实际用途来说，又完全是平滑可分的。所以，事物是否是可再分的，取决于我们所处的环境；至于是囫囵整个的还是平滑可分的，则取决于我们打算如何处理它们。那么，你是否允许把它们切成小块呢？

把你认为是平滑可分的或者囫囵整个的东西列出清单来。有哪些东西两种方式都可以？

关键是，如果能自如地对各个事物进行细分，那么我们就总能完全平分，避免产生不受欢迎的余数。让我们来想象一下，自己正处于这样一种情况。假设我们是古埃及的山羊倌，正在分配一定数量的羊奶。设想我们共有 ∩∩∩∩ III 罐羊奶要由我们四个人分享。

那么，我们每个人可以分到 ∩ 罐，同时还剩余 ∩ III 罐羊奶。剩余的羊奶，我们每个人可以继续分到 III 罐，此外还剩余一罐由我们四个人平分。也就是说，我们每个人还能够多分四分之一罐。埃及人写为 𓂋IIII，上面扁豆形的符号表示“部分”的意思。类似地，一半也可以用 𓂋II 来表示（尽管对于更常用的分数比如一半和三分之二，也有特殊的速记符号）。

如果换成我们有二十七罐羊奶（也就是 ∩∩ IIIIIII），那么在给四个人每人各分六罐后，我们就会只剩下三罐。我们要如何把三件东西分给四个人呢？

埃及人的方法是简单地继续分发羊奶，但不再每个人分发几十罐或几罐，而是换成更小的单位，看我们能否承受每个人发几个半罐，如果半罐也不够的话，就接着看是否能够每人分发三分之一罐、四分之一罐，等等。这里我们有三罐羊奶要分给四个人，显然每个人分一罐是不够的，那半罐呢？如果四个羊倌每人分半罐，一共需要两罐，还剩下一罐。那么，我们就可以像以前一样，把剩下的那罐分成四份。这样，每个人就分到了六个整罐，一个半罐外加四分之一罐，用埃及人的符号表示就是 。这样一来，任何数量，无论是完整的还是部分的，都可以用符号来表示。

如果是将十七罐奶分给六个羊倌，结果又会怎样呢？

埃及抄写员在处理这种部分数量的问题上相当熟练，有一些莎草纸卷轴幸存下来，这些卷轴（显然）是用于训练学徒抄写员的练习，比如下面这个：

二分之一、三分之一和四分之一的和比整数一大多少？

这种处理分数的方式，将它们分解成越来越小的部分或整除因子，与其他任何表示方法一样，既有优点也有缺点。一方面，它是一个清晰一致的系统。当看到数量 时，我就能看出数量信息是根据重要性来排序的：三十七个整（不管我们计数的对象是什么），加上三分之一和八分之一，（如果还关注后面的数）再加十一分之一。这种记法系统既不含糊也不混乱。

不过，这种记法略微有些长也有点笨拙，如果分得很细（的确如此，甚至到了千分之一），那么书面表示与口头表达都可能会变得有些笨重。

一种稍微不同的方法就是一次性细分到底，然后给每个人分发比较多的小块。例如，当我们四个人平分二十七罐羊奶的时候，每个人拿走六罐还剩下三罐，我们可以不用先以半罐为一份然后再以四分之一罐为一份，而是可以直接以四分之一罐为一份，这样每个人可以分得三份。也就是说，我们每个人都会分到六个整罐加四分之三罐。

稍微修改一下埃及的记数法，并使用现代的印度－阿拉伯数字，我们就可以非常经济地写出这样的数量，如下所示：

$$6\ \frac{3}{4}$$ 六又四分之三

这里，扁豆变成了一个横杠（有时也写作斜杠，如 3/4），横杠下面的 4 表示我们已经把单位切成了四等份，横杠上面的位置，则可以用来表示小块的数量，也就是 3。

𓂋𓏻𓂋𓐀 用现代符号表示是什么？𓂋𓏻𓂋𓏼 呢？

古埃及人用什么符号来表示 $\frac{7}{8}$ 呢？

现代的记数法使我们同样可以用紧凑和方便的格式来表示所有的分数。例如，通过（$\frac{15}{32}$）这样的表示，我们知道单位数量已经被分成了 32 等份，我们要取其中的 15 份。本质上，横杠下方的数字告诉我们每小块有多大（即是整体的多少等份），横杠上方的数字则表示有多少个这样的小块。横杠下方的数被称为分母（denominator，拉丁语中“命名者”的意思），横杠上方的数则被称为分子（counter，意为“计数器”）。这就意味着这两个数所起的作用是不同的，我们需要注意这一点。

前面在讨论乘法时，我说到 3×5 和 5×3 的含义不一样，因为第一个数表示的是第二个数的个数。（可能与读者的理解不一样，见乘法章节的译者注。——译者注）我们很幸运地发现，尽管意思不同，但所得的乘积则是相同的，也就是说乘法是对称的。

但遇到分数，我们就没有这样的运气了。$\frac{3}{5}$ 与 $\frac{5}{3}$ 是完全不同的两个数，不仅仅在外观上如此。首先，第一个数 $\frac{3}{5}$ 显然小于 1（也就是说小于一个计数单位），因为我们已经将计数单位分成了五等份，并且只取了其中的三份，而第二个数 $\frac{5}{3}$ 则大于三个三分之一，所以比一个计数单位大。

另外，写下 $\frac{5}{3}$ 这样的数是完全有意义的，也是正确的。正如我们将要看到的，事实上这样做好处很多，就像将 117 写成“十一个十又零七”一样。当然，如果是为了便于比较，让人一眼就能够看出包含了多少个整数，你也可以把它写为 $1\frac{2}{3}$。

这两种表示对应了两种略微不同的 3 个人平分 5 个东西的策略：或者我们先每个人分一个，然后切分剩下的两个（$1\frac{2}{3}$）；或者我们直接将每个东西都切成大小相等的 3 块，然后每个人分 5 块（$\frac{5}{3}$）。

> $\frac{17}{3}$ 与 $\frac{11}{2}$ 这两个数，哪个数更大？

这里重要的是要明白，我们只是在计数。如果我数到了 7，那就意味着我有 7 个我称之为 1 的事物，这里的 1 可以是任何我用来作为计数单位的事物。7可以是7头牛，7个柠檬，或者遇到了乘法，也可以是7个6或7个100。同样，数$\frac{7}{8}$也是7个事物，只不过是7个$\frac{1}{8}$。

就像7头牛加上5头牛一共是12头牛一样，对我们要进行计数的柠檬、6、100或$\frac{1}{8}$来说，这一计算结果同样成立。因此，$\frac{7}{8}+\frac{5}{8}=\frac{12}{8}$。算术的很多艺术都可以简单地归结为创造性地选择合适的单位。

特别是，分数和分组之间有着非常密切的联系。当我们说$\frac{7}{8}+\frac{5}{8}$等于$\frac{12}{8}$时，实际上我们只是将7和5相加。当我们接着说12个$\frac{1}{8}$等于1又4个$\frac{1}{8}$时，就好像我们是以八个为一组的八进制部落成员，更愿意把十二个看成是一个组零四个。八个一为一个组，与八个八分之一组成一个整体，其中的道理是相通的。

我们甚至可以想象用石子堆来辅助进行这些计算，只是现在的石子堆也包括半块和四分之一块等零碎的石子。或者也可以向我们更熟悉的货币系统学习引入零钱：例如，25美分就是四分之一美元。就像我们习惯于用10个一去兑换1个十，我们也可以设想用4个四分之一来兑换一整个。

一打鸡蛋按打计是一打，按个计则是12个，怎样看待完全取决于你自己。如果你想把半美元看成是2个25美分，或者5个10美分或者50美分，都不是问题。每一个数量都有很多个可能的名称，这完全取决于你喜欢用哪种表示方法。

在现代分数记法中（即有分子和分母），我们可以用多种方法来书写同一个数，比如说一半。

$$\frac{1}{2}=\frac{2}{4}=\frac{3}{6}=\frac{4}{8}=\frac{5}{10}=\frac{6}{12}\cdots\cdots$$

所有这些不同的符号表示的都是相同的数量，即我们用来当作单位的一半。如果一个单位是指一罐羊奶，那么这些符号表示的就是半罐羊奶（如果你想心情不好的话，也可以认为一罐羊奶空了一半）。

我们所做的则是用不同的计量单位来度量这个量。以半罐为单位，显然只有 1 个半罐；如果以四分之一罐为单位，我们就有 2 个四分之一罐；以六分之一罐为单位，我们就有 3 个六分之一罐。总量是相同的，只是计量单位不同而已。

我想，如果愿意，我们甚至可以用三分之一罐作为单位，这样我们就有一个半单位。也就是说，我们完全有理由写出下面的等式：

$$\frac{1}{2}=\frac{1½}{3}$$

如果我们愿意的话。很难想象会有这种意愿，但是谁也说不好，也许你对三分之一情有独钟呢。

怎样将二分之一表示为以七分之一为单位的数呢?

说实话，人们通常不会把东西切成 7 份或 11 份或其他类似的古怪份数。不过像二分之一、三分之一和四分之一这样的数却经常会出现，特别是在缝纫和烘焙中，但我却从来没有见过哪个食谱要求加 $2\frac{3}{5}$ 杯的糖。

旧的英制单位倾向于重复减半，因此人们会经常使用二分之一、四分之一、八分之一和十六分之一这样的分数。音乐也是如此，节奏单位节拍的细分产生了二分音符、四分音符等。只有 20 世纪最前卫的作曲家才会使用十一分音符作曲。

正如我们之前所谈到的，引入公制就是为了清理所有这些混乱的单位，并将一切都建立在同一个基础上，即以十进制为基础，以便与（现在普遍采用的）印度－阿拉伯十进制位值系统的分组大小相匹配。特别地，这也就意味着要用十分之一、百分之一和千分之一等作为单位来测量小数。小数点则是隔开整数部分和小数部分的标志。

例如，三又二分之一的十进制表示为 3.5，其中的二分之一等于 5 个十分之一。这意味着我们已经有了记录和计算分数的方法，我们用以十为中心的格式来表示一切数。当然，如果你是一位科学家，或者住在美国以外的地方，那么你所有的测量数据都已经是在用这种方便的方式表示，也就没有必要去转换或重新思考了。

另一方面，你也许会遇到下面这样的问题：你有 1 克某种物质样品，需要把它平均分给 8 个试管，或者你买了 5 米长的布，要裁剪成 4 个同样的窗帘。那么，我们该如何用十进制来表示八分之一克或一又四分之一米呢？八分之一不是十分之一，无论我们怎样眯着眼睛看都不是，就像八不是十一样。

思考分数的一种方法是，不仅把分数看成是由除法产生的，而且把分数看作是除法本身。因此，八分之一这个数可以从字面上看成是一除以八。毕竟，我们正在将单位切成八等份。这就意味着我们可以用 1 除以 8 来表示 $\frac{1}{8}$ 的十进制。这里，比较聪明的想法是用一个大得多的数来代替 1，比如说 1000，然后再进行移位。本质上，我们是将 1 看作是 1000 个某种单位（也就是一千个千分之一）。

1000 除以 8 等于 125，刚好整除没有余数。（你可以自己试试！）这意味着 1/8 也可以看作是 125/1000，或者十进制形式的小数 0.125。换句话说，八分之一恰好等于十分之一加上百分之二，再加上千分之五。因此，当你发现自己在处理八分之一这个数时，如果使用十进制更方便的话，你可以用十进制形式 0.125 来表示它。

$\frac{3}{8}$ 和 $\frac{5}{8}$ 的十进制表示分别是什么？

类似地，四分之一可以写成 0.25，四分之三可以写成 0.75，如果生活在一个货币体系比较合理的地方（不像简·奥斯汀和查尔斯·狄更斯所生活的英国那样），你可能很熟悉这样的表示。

分数通常以十进制形式表示的场合是棒球场，以记录球员的平均击球率。击球率是用一个球员安打的次数除以总打数计算出来的。例如，如果泰德·威廉姆斯在某个赛季中打数为 77 次，而他的安打数（意味着他上垒了）为 29 次，那么他的平均击球率就是 29/77。为了比较球员（或球员与自己过去的表现比较），用同样的格式来表示所有这些比例最为方便，也就是十进制小数，按惯例会近似（或“四舍五入”）到最接近的千分之一。因此，上面的平均击球率可以用 29 除以 77 计算得出：

$$
\begin{array}{rr}
 & \underline{376} \\
77 & 29000 \\
 & \underline{231} \\
 & 590 \\
 & \underline{539} \\
 & 510 \\
 & \underline{462} \\
 & 48
\end{array}
$$

这里我们很可能会四舍五入为 0.377，因为余数 48 要大于 77 的一半。棒球迷会说：“他那个赛季的击球率是三七七”（顺便说一句，这样的击球率是很轰动的）。

另一个常见的例子是百分比。这里，我们的想法是用百分之一来表示分数，从而衡量一个给定的比率占一百的多少（或占多少的百分比，简写为“百分之……”）。因此，像 $\frac{1}{4}$ 这样的分数可以表示为百分之二十五，即 25/100。当然，这只不过是 0.25 的另一种表示方式而已，就像人穿上了不同的衣服。

需要顺便指出的是，这里有一段有趣的符号史。就像中世纪的抄写员们厌倦了每五秒钟写一次 et（拉丁语中“和”的意思），并用和符号（&）作为缩写一样，“每 100”的记号也逐渐缩短，并涂写在一起形成了百分号（%）。于是，数 25/100，也就是百分之二十五，变成了 25%。本质上，百分号只是“百分之……”的简写。

这里所发生的，其实就是让各种分数（不管它们的分母是多少）适应十进制文化，就像引入公制一样。我们需要做的就是进行除法运算，一旦余数变得微不足道，就可以忽略它们。

当然，如果你感兴趣的分数其分母已经是十或一百，那么我们就根本不需要做任何转换：0.01 就是百分之一。所以，像 $\frac{37}{100}$（或 37%）这样的数，用十进制形式表示就是 0.37，或者是 37 反向移动两位，如果你更喜欢这种形式的话。

另外，十作为分组大小其实是人类主观选定的，并不是每个分数都能很好地适应它。例如，如果试着用 2000 除以 3，以便将 $\frac{2}{3}$ 转化为对应的十进制小数，我们就会遇到下面这种有趣的现象：

$$\begin{array}{l} \ \ \overline{666} \\ 2000 \\ \underline{18} \\ \ \ 20 \\ \ \ \underline{18} \\ \ \ \ \ 20 \\ \ \ \ \ \underline{18} \end{array}$$

每次得到 666（不管在什么地方）的同时总是会得到余数 2，由此我们进入了无限循环之中。这样的结果既令人厌烦，又真的很酷。所以，$\frac{2}{3}$ 并不能用十分之一、百分之一或千分之一很好地表示出来，无论除到多少位，总是会有余数存在。

我们可以看到，三和十根本就“无法相处”，三分之几完全就不适合用十分之几的形式来表示。同样，如果你喜欢以三为分组大小，并且围绕这个分组大小建立了完整的三进制位值系统，那么十分之一也不会很配合。

所以，并不是每个分数都可以精确地用十进制来表示，除非允许使用无限长的方式来表示。事实上，你可以用 0.666…这样的形式来表示分数 $\frac{2}{3}$（其中的 6 可以无限循环下去）。这在理论上是一个有趣的想法，但显然是不切实际的。（当你拿出电子显微镜去测量一块 6 纳米厚的印花棉布时，布料商脸上的微笑很快就会消失。）

当然，在现实生活中，没有人会那么精确地去测量东西。原因也很简单，我们根本做不到那么精确，而且这样做也没有任何意义。木匠的测量需要精确到什么程度呢？木材在夏天时会膨胀，在下雨时又会吸收水分。此外，如果一块木材多了几百分之一英寸，那就用砂纸打磨。这正是砂纸和瓷砖填缝剂的用途。要求木工、缝纫或者烘焙做到完全精确是荒谬的，估算和近似的经验法则反而更有价值。

对科学家和工程师来说也同样如此，尽管尺寸公差要更精确一些。虽然木匠或裁缝忽略掉这里或那里的一毫米没有关系，但是核物理学家可能需要额外七八位小数的精度。不过，一旦涉及十亿分之一毫米的十亿分之一这样的长度时，我们根本缺乏相应的设备来进行如此精密的区分。

此外，物理宇宙本身似乎也对我们准确测量的能力有一些看法。准确测量不仅是不必要的、不切实际的，而且（由于物理现实的表面性质）也是不可能的。我的鼻子到底有多长？鼻端和空气究竟从哪里开始接触？事实上，空气分子和鼻子在不断地交换位置，不停地晃动。鼻子只是“统计上的”，所以它并没有一个精确的长度。这个世界中的其他东西同样没有。

当然，还存在着其他的宇宙。我们可以想象一个能够准确测量的完美世界，看看它会把我们引向何方。请注意，这将是一个纯粹的哲学研究，进行这样的研究与其说是出于任何实际的考虑，不如说是出于它可能提供的纯粹智力享受和娱乐。另外，尽管我们生活的世界是模糊的、随机的、不准确的，但它通常是非常接近准确的，一个完美的数学世界（它必然是虚构的）可能会给我们一个新的视角来看待现实，也会让我们在抽象意义上对数及其性质有新的理解和认识。

更不用说这个世界有多么简单和优雅了，我喜欢称这个世界为数学实境（Mathematical Reality），与大多数数学家一样，我的大部分时间都在这里度过。

好吧，如果我们接受这样的数学实境又会怎样呢？如此一来，$\frac{2}{3}$就是一个精确的量，它绝对不等于 0.6666 或任何其他近似值。$\frac{2}{3}$，顾名思义，就是有两个被称为三分之一的东西，而三分之一其实很简单，如果你把 3 个三分之一放在一起，就会得到整数 1。

一，是一个什么呢？在这个纯粹的数学世界里，我们是在对什么进行计数和测量呢？数学的简单和抽象美就体现在这里，我们讨论的就根本不是牛或柠檬。当我们说“一”的时候，我们指的并不是一个实际的现实生活中的事物，而是抽象的一，包含一（oneness）

这个信息的想象实体。（我听起来像是新时代的专家吗？）

所以，除了通常的一、二、三这些“数出来的数”之外，我们现在还有大量其他的数，比如二分之一、三分之二、十一分之五十七，等等。我们知道这些数的确切含义，也有完美的表示系统来表示它们，也就是通过分子和分母来表示：$\frac{1}{2}$、$\frac{2}{3}$、$\frac{57}{11}$。这里不存在感知的问题，我们看一眼就能知道某个数表示什么，符号 $\frac{57}{11}$ 表示将 1 切分为 11 等份，并取 57 个这样的等份所得到的数。

引入了新的数，随之而来的就是新的算术问题，这给了我们新的机会去锻炼智力和想象力。最直接的问题是，我们如何比较这样的数呢？

当然，如果我们想比较的两个分数恰好有相同的分母，那就很简单了：$\frac{9}{11}$ 要比 $\frac{7}{11}$ 大，因为它们数的都是 $\frac{1}{11}$ 的个数，而 9 要比 7 大。

同理，如果两个数的分子相同，比较也很简单：这两个分数所计数的份数相同，但每份的大小却不一样。例如，我们可以很容易地看出 $\frac{4}{5}$ 要比 $\frac{4}{7}$ 大，因为五分之一要比七分之一大。切分的份数越多，每份的大小一定越小。

$\frac{3}{7}$ 和 $\frac{2}{5}$ 这两个分数，哪个更大？

这里真正的困难在于我们比较的是不同大小的份数：其中一个数计的是七分之一，另一个数计的是五分之一，有点像是在比较苹果和桔子。

这其实是一个很常见的问题，你可能还记得，在进行乘法运算时遇到过同样的问题。比较 5×8 和 6×7 的困难在于，其中一个数以八为分组大小，另一个则以七为分组大小。那么我们是怎么做的呢？我们对这两个数进行了重新排列以便于比较，也就是说，我们进行了一些算术计算。

更准确地说，我们将这两个数的表示转换为相同的分组大小。我们可以将 5 个 8 重新按 7 个一组进行排列，或者将 6 个 7 按 8 个一组重新排列，又或者如果我们愿意，也可以把这两个数都转换为第三种方便的分组大小（通常为 10）。重要的是使用一种共同的语言，这样我们就可以更容易理解所发生的事情。

同样的事情也发生在分数上。从某种意义上说，像 $\frac{3}{7}$ 这样的数，其实就是一个乘法：它有三个分组，每个分组的大小是七分之一。因此，由于其中一个数是以七分之一为分组，另一个数则是以五分之一为分组，所以我们需要的是一个对两个数来说都适用的共同分组大小，它可以让我们轻松而精确地表达这两个数。

因此，像十分之一这样的分组在这里就并不可取。虽然分数 $\frac{2}{5}$ 可以很好地用十分之一来表示（它其实就是 4 个 $\frac{1}{10}$），但分数 $\frac{3}{7}$ 却并不可以。当然，我们可以用十进制表示来近似它，然后再进行比较：

$$\frac{2}{5} = 0.400$$

$$\frac{3}{7} = 0.428\cdots$$

这向我们表明，$\frac{3}{7}$ 要比 $\frac{2}{5}$ 稍大一些，尽管计算出近似值需要一点工作量。（我建议使用计算器。）此外，这还给人一种有些丑陋和特别技术的感觉。

而且这种做法还存在一个很微妙的问题，那就是如果两个分数真的非常接近但又不相等怎么办？真是这样的话，那么在它们的十进制表示中前几位数就会一致，我们需要一直进行除法，直到遇到不相等的情况。只有这时，我们才能知道哪个数更大。更糟糕的是，如果两个分数恰好完全相等，但由于它们的表示方法不同并不能明显看出两者相等（例如，$\frac{91}{117}$和$\frac{273}{351}$），因此我们需要一直继续除法，但无论除了多久，生成的十进制表示却始终一致。这样的话，我们永远不会知道其中的一个是否要比另一个大，但能够揭示事实的数很可能就在眼前。从这个角度来说，这种方法太繁琐、太费时了。

更好的办法是找到一个“共同的分母”，即能够同时兼容五分之一和七分之一的分组大小，然后这两个数就可以用同一种语言来表示。本质上，我们是在重新命名分数，从而使比较简单明了。

前面我们看到，每一个分数都可以有无限多种不同的分子分母表示方式。因此，分数 $\frac{1}{3}$ 和 $\frac{2}{6}$ 相等，同时也等于 $\frac{3}{9}$ 。这是因为，如果我们愿意，任何一个细分的单位都可以进一步细分。

就像普通的计数一样，如果我数的是蛋盒数（又如打数），而你数的是鸡蛋数，那我们得到的数就会不同，这是因为我们的单位不同。同样，如果我按三分之一去数，而你按六分之一去数，那么你最后得到的数将会是我的两倍，这是因为我所数的每一个都相当于你的两个。

其中的关键是，如果你的单位要比我的小，那么度量同样的数量时你需要的单位数就会更多。如果我的单位正好是你的五倍，那么你需要的数量就会是我的五倍。很有道理吧？

这里的规律是，如果一个分数的分子和分母放大同样的倍数，也就是乘以相同的数，那么这个分数的值是不变的。例如，$\frac{2}{3}$ 同样可以写为 $\frac{8}{12}$，这里我们将分子和分母同时乘以 4（或"放大"4 倍）。因此，我们不再是以 $\frac{1}{3}$ 为单位并拥有两个单位，而是将我们的单位切成 4 份让每份变成 $\frac{1}{12}$，这样我们拥有的数量就是原来的 4 倍，也就是 8。

因此，我们可以在不改变分数本身的情况下，通过分子和分母都乘以相同的倍数将它们放大。这样，我们在选择事物的名称时就有了一定的灵活性，就像我们可以自由地改变分组大小一样（其实仔细想想，这也正是我们在做的事情）。

分数 $\frac{49}{21}$ 能用更小的分子和分母来表示吗？

说到放大，看待像 $\frac{3}{7}$ 这样的分数的一种方法是，把它想象成一个"数值缩放器"，它可以让你放大（或缩小）数值，就像复印机可以放大或缩小图像一样。你可以将放大器设置为放大两倍或三倍，也可以按某个比例缩小。这样，我们就可以认为 $\frac{3}{7}$ 是由 1 经过先缩小再放大后变成的，首先将 1 缩小为 $\frac{1}{7}$ ，然后再将它放大 3 倍。

通常来说，最终的结果与步骤的执行顺序无关：无论是先放大 2 倍再放大 3 倍，还是先放大 3 倍再放大 2 倍，最终的结果都是放大 6 倍。同样的道理，$\frac{3}{7}$ 也可以通过缩放 1 得到，方法是先扩大到 1 的 3 倍（得到 3），再缩小为放大后的 $\frac{1}{7}$ ，这是因为 3 个 1 除以 7，就等于 3 个“缩小后的 1”，这里的每个 1 都代表一个 $\frac{1}{7}$ 。这就像前面在用 1 美分和 10 美分乘以 10 的时候，我们就可以认为 1 美分变成了 10 美分，10 美分变成了 1 美元。

这里要表达的是在任何时候，我们都可以通过放大（或缩小）每份的大小（即分母）及份数（即分子）对一个给定的分数进行重新命名或重组。

但是这对我们比较两个分数又有什么帮助呢？我们的想法是利用缩放对两个分数进行改写，以使它们有相同的分母，这个过程称为通分。这样一来，分母所代表的每份的大小就是相同的，通过比较分子也就是份数我们就知道谁大谁小了。例如，我们之前所说的两个分数 $\frac{3}{7}$ 和 $\frac{2}{5}$ 就很难直接比较，因为两者的分母 7 和 5 是不同的。下面我们列出与它们相等但名称却不相同的一些分数：

$$\frac{3}{7}=\frac{6}{14}=\frac{9}{21}=\frac{12}{28}=\frac{15}{35}$$

$$\frac{2}{5}=\frac{4}{10}=\frac{6}{15}=\frac{8}{20}=\frac{10}{25}=\frac{12}{30}=\frac{14}{35}$$

哈哈！我们发现，在这两个分数的各种表示中，存一个相同的公分母35。隐藏在温和外表下的 $\frac{3}{7}$ 和 $\frac{2}{5}$ ，其实都有自己的“秘密身份” $\frac{15}{35}$ 和 $\frac{14}{35}$ 。

这使两者的比较变得非常简单：$\frac{3}{7}$ 比 $\frac{2}{5}$ 稍大一点，而且很容易就能看出前者比后者到底大多少，答案是 $\frac{1}{35}$ 。所以公分母的想法确实是一种好方法，什么都不需要改变，也无需花费精力求近似值，只需要对分数进行改写，直到能够明显看出两者的大小。

当然，这就产生了一个问题，即如何最快地找出公分母。前面我们通过试错的方法得到，即列出所有的可能性，直到我们找到公分母。这个过程是相当缓慢和繁琐的，其实还有一个更简单（而且更聪明）的方法。

值得注意的是，这两个分数的分母分别是7和5，而最后找到的公分母是35，正好是两者的乘积。这并不是巧合，事实上，得到公分母的最简单方法就是用一个分数的分母乘以另一个分数的分母。也就是说，我们将 $\frac{3}{7}$ 的分子和分母同时放大5倍，并将 $\frac{2}{5}$ 的分子和分母同时放大7倍。由于两个分数新的分母都等于旧分母的乘积，所以它们必然是相同的。其实质就是两个分数都将对方的分母选为分子分母共同放大的倍数。

下面以一个具体的例子试试这一方法，假设我们想知道 $\frac{3}{8}$ 和 $\frac{2}{5}$ 哪个更大。（我们已经知道 $\frac{2}{5}$ 比 $\frac{3}{7}$ 小，但 $\frac{3}{8}$ 同样比 $\frac{3}{7}$ 小，所

以这两者的大小我们并不清楚。）我们直接使用新方法，$\frac{3}{8}$ 的分子分母同时乘以 5，而 $\frac{2}{5}$ 的分子分母同时乘以 8，我们得到了：

$$\frac{3}{8} = \frac{15}{40} \text{和} \frac{2}{5} = \frac{16}{40}$$

现在可以很容易看出，$\frac{2}{5}$ 要更大。而且如果你感兴趣的话，我们还同时知道了它们的差值刚好是 $\frac{1}{40}$。

从这里我们可以看到，无论是为了进行加减还是为了进行比较，相同的分母都会使事情更简单。相同的分母就意味着，所有的量都是用同一个单位来衡量，每一份也都有相同的名称。例如 $\frac{3}{8} + \frac{2}{5}$，即这两个分数的和，在通分后就很容易计算：

$$\frac{15}{40} + \frac{16}{40} = \frac{31}{40}$$

现在我们可以看到，和值要比 $\frac{3}{4}$ 稍微大一点（大 $\frac{1}{40}$）。

$\frac{1}{2} + \frac{1}{3} + \frac{1}{5}$ 要比1大吗？

正如我前面提到的那样，在现实世界中进行这样的计算并没有特别令人信服的理由。通过使用标准的十位袖珍计算器，简单地让机器进行必要的除法和加法，我们就能够获得比较准确的近似值，其准确度对日常实际工作目的来说都是绰绰有余的。如果出于某种原因（很难想象会出现这样的情况），真的需要精确计算 $\frac{2}{7}+\frac{5}{8}$ 看是否要比 1 小，你只需要简单地拿起手机或智能手表，然后输入 $2\div7+5\div8=$，就能得出答案 0.910714285，问题也就解决了。

不过这倒提醒了我，我忘了介绍在计算器和数学课本封面上都会经常出现的除号（÷）。当然，它只是表示分数的横杠上下各有一点，用以指示数的去向。因此有 $12\div3=4$，其他以此类推。

所以，分数的运算其实并没有太多实际意义，它更多涉及到的是数及其行为模式。如果你对这些不感兴趣，那么本书到此就结束了，你可以马上将书合上；当然，如果你想看到一些优雅而有趣的东西，尽管这些内容比较抽象，实际作用不大，那么不妨继续阅读！

$\frac{2}{7}$ 和 $\frac{5}{8}$ 的和是多少？
它比 1 小多少？

利用公分母的方法，我们可以将分数的加减和比较简化为对分子的加减和比较。也就是说，我们又回到了简单的整数计数上。

但乘法和除法的情况又怎样呢？我们能不能有 $2\frac{1}{2}$ 个 $3\frac{1}{4}$ 呢？$\frac{3}{8}$ 除以 $\frac{4}{5}$ 又是多少呢？这样的问题有意义吗？谁又需要把 $17\frac{1}{2}$ 颗软糖分给 $4\frac{1}{2}$ 个人呢？

在深入研究这些问题之前，我想先说一下我们讨论过的各种表示方法，以及它们的优缺点。这主要是一个美学的问题，所以我能提供的只是我个人的品味和意见（不过我并不非常反感这样做）。

假设我们有一个分数，比如说是二又四分之一。在众多的选择中（暂且不提埃及人和香蕉部落人），我们有如下标准的印度－阿拉伯数字表示方式：

$$2\frac{1}{4}\text{，}2.25\text{，}\frac{9}{4}$$

第一种方式你通常会在烹饪菜谱和木工手册中看到，它的优点是突出了对比信息（它比 2 稍微大一点），当你在使用自然物理单位（比如说尺子和量杯）并且首先想知道有多少个整单位时，它是一个不错的选择。

第二种方式则是科学家和工程师的首选，他们需要处理较高精确度的近似值，并希望有标准化的尺度进行比较，所以才出现了公制和这样的表示方式。

你可能会对第三种方式嗤之以鼻，$\frac{9}{4}$ 显得太头重脚轻了，也不实用。毕竟，它有多大并不那么明显，我们必须要进行重新安排（也就是算术）才能确定它是否大于 2。

不过，它却是我用于数学（即纯理论）目的时会考虑的唯一形式。所有的信息都以紧凑的形式存在，我可以很容易地把它看成是 9 个某种东西（即 $\frac{1}{4}$），这样操作起来就会简单得多。更重要的是，它将所有的数都放在了同一个语言范畴中，不区分整体和部分，这才是它的真正优点所在。有时我甚至更愿意将 6 这样的数写为 $\frac{6}{1}$，尽管这看起来有些可笑。

你将如何用这三种方式来表示八又三分之一？

我的建议（或者说喜好）是，在缝纫和烘烤饼干时使用有整有零的第一种方式（如 $2\frac{1}{4}$），在实验室里使用十进制小数方式（如 2.250），在研究数及其性质时则使用纯分数（如 $\frac{9}{4}$）。当然，你也可以想用什么方式就用什么方式（这也是我的真正建议）。

对分数的思考既有让人感觉愉快和有趣的一面，也有令人困惑的一面，原因之一是分数存在着多种可能的解释。数 $\frac{2}{3}$ 可以看作是一个测量值（将单位分成三等份，取其中的两份），一个除法运算（三个人平分两颗软糖每个人分得的数量），一个比值（保存着两个数量的比例信息，这两个数量的比就等于 2 比 3），一种缩放比例（先放大 2 倍再缩小为放大后的 $\frac{1}{3}$），或者，更抽象地看作是一个“乘以 3 等于 2 的实体”。这些观点中的每一种都带有一套表象和内涵，能够在不同的情况下发挥作用。

在涉及乘法和除法时，我常喜欢从缩放的角度来思考。乘以 2（即翻倍）就是放大到两倍；除以 2 即切成两半，不过并不是把两半都拿走，而是缩小为以前的一半。这里 2 是缩放因子，通过这个缩放因子数被缩小或放大，就像数被放入某种抽象的数字复制机一样。

乘法用口语表达时通常使用介词“of”（至少在英语中如此），比如“我要 8 块那种好吃的松饼，谢谢”这句话中用的是“eight of”，又比如“嘿，有人将我那好吃的松饼吃掉了三分之二！”中用的是

“two-thirds of”。用某个量乘以分数时，口语中说“分数 of”，就像用某个量乘以 3 时，口语中说“three of”。

所以，一又二分之一乘以六的意思就是 $1\frac{1}{2}$ 个 6，也就是 1 个 6，再加上 6 的一半即 3。因此，$1\frac{1}{2}\times6=9$ 。

另外，我们也可以将 $1\frac{1}{2}$ 看作是 $\frac{3}{2}$ ，这样的话，我们感兴趣的就是 3 个“6 的一半”，顾名思义它的意思是“6 的一半”的 3 倍，也就是 3 个 3 或者说 9。或者如果你愿意，我们也可以想象将 6 放进了复印机里，让它先缩小为原来的 1/2 再放大到 3 倍，当然也可以把顺序反过来，先放大到 3 倍（变为 18），然后再缩小为放大后的 $\frac{1}{2}$ ，最终得到的还是 9。我希望这一切对你来说都有意义，让你觉得有这么多有意思的方式去思考是愉悦有趣的。

其实刚才我又想到了一种，利用乘法的对称性，$1\frac{1}{2}$ 个 6 也可以看作是 6 个 $1\frac{1}{2}$ 。因为两个 $1\frac{1}{2}$ 就是 3，那么 6 个就是 3 个 3，我们再次得到了同样的结果。

一般来说，我认为复印机这个比喻最合适。例如，假设我们想要计算 $3\frac{1}{2}$ 个 $2\frac{1}{3}$ ，这类事情实际上在现实生活中也会发生（例如，根据食谱的比例放配料时）。这里有很多方法，但我通常会采用首先用纯分数来表示一切，即 $\frac{7}{2}\times\frac{7}{3}$ 。然后，我就可以将每一个数看作是一组复印机指令。也就是说，我把数 1 放进复印机，让它先放大到 7 倍，然后缩小为放大后的 $\frac{1}{3}$ ，这样我就得到了 $\frac{7}{3}$ 。然后，我再继续把它放大到 7 倍，再缩小为放大后的 $\frac{1}{2}$ ，这样就等于

乘以 $\frac{7}{2}$。总之（按照我喜欢的任何顺序），从 1 开始（即使有一个确定的单位也不用管这个单位是什么），以 7 为缩放因子做了两次放大，再分别以 2 和 3 作为缩放因子做了两次缩小。这可以重新表述为先放大到 49 倍，再缩小为放大后的 $\frac{1}{6}$。换句话说，最终我得到的数是 $\frac{49}{6}$。（复印机现在发出烦人的蜂鸣声，因为我把原件留在玻璃上了。）

这里我们得出，$\frac{7}{2} \times \frac{7}{3} = \frac{49}{6}$。当然，如果你想把这个值写为 $8\frac{1}{6}$，也完全可以。如果你在面包店工作，需要量取这么多杯的面粉，那么先取 8 满杯再取 $\frac{1}{6}$ 杯，肯定要比每次取 $\frac{1}{6}$ 杯取 49 次的工作量小很多。但如果你是对数本身很感兴趣的数学家，那么 $\frac{49}{6}$ 可能是一种更方便且信息量更大的表示方法。首先，它清楚地揭示了分数在乘法运算时的行为：两个分数相乘，我们只需将它们的分子和分母分别相乘即可。这就是复印机的比喻给我们的启示，这个启示非常好，也是我喜欢这样去做的原因。

下面两个数哪个数更大：是 $3\frac{1}{2}$ 个 $2\frac{1}{3}$，还是 $2\frac{1}{2}$ 个 $3\frac{1}{3}$？

分数的除法在日常生活中并不常见，尽管我们可以想象像下面这样偶尔发生的场景：要将一个大桶中的 200 加仑枫糖浆倒入一个个单独的壶中，每个壶可以装 $1\frac{1}{3}$ 加仑，那么总共需要多少个壶？

本质上，我们是在问，什么数乘以 $1\frac{1}{3}$ 等于 200。换句话说，

200 除以 $1\frac{1}{3}$ 等于多少。奇怪的是，这就像我们想把 200 颗软糖分给 $1\frac{1}{3}$ 个人一样。乘法的对称性意味着我们可以接受任何一种观点。

在我们进一步分析这个问题之前，你可能已经注意到了乘法和除法，从某种意义上来说，是比较像的。例如，除以 2 和乘以 $\frac{1}{2}$ 是完全相同的。这意味着我们的复印机上不需要有缩小的按钮，而是可以直接“放大”为原来的 $\frac{1}{2}$ 或 $\frac{1}{3}$ 或其他值。放大和缩小的区别，只是相乘的数是大于 1 还是小于 1 的区别而已。无论是乘 2 还是乘 $\frac{1}{2}$，都是乘法。

当然，我并不是说翻倍和减半是同一个过程，或者说 2 和 $\frac{1}{2}$ 是同一个数。但是，它们之间的确有着密切的联系：除以其中一个数和乘以另外一个数，结果是相同的。这就是所谓的倒数关系（reciprocal relationship，来自拉丁语 *reciprocare*，意为“来回”）。2 和 $\frac{1}{2}$ 这两个数互称为倒数。

这实际上意味着，它们在乘法运算下有相反的效果。撤销翻倍的一种方法就是乘以 $\frac{1}{2}$。也可以说，乘以 2 和乘以 $\frac{1}{2}$ 的作用互相抵消——如果先放大2倍，再放大 $\frac{1}{2}$ 倍，你得到的还是开始的大小。这是因为 $2\times\frac{1}{2}=1$，而乘 1 等于什么也不做。一个数与其倒数相乘等于 1，因此，$\frac{1}{2}$ 是 2 的倒数，而 2 同样是 $\frac{1}{2}$ 的倒数。

$\frac{2}{3}$ 的倒数是多少？

进行除法运算时，我们实际上是在问一个隐含的问题：要乘以什么数才能得到我们想要的总数？计算 100 ÷ 7，其实就是在问多少个 7 等于 100。

如果我们把乘一个数看作是对数量进行运算的过程，那么除法就可以视为相反的过程。要撤销乘以 7 的作用，我们就需要除以 7，或者，正如我们看到的也可以乘以 $\frac{1}{7}$ 。这意味着我们可以做一个有趣的交易：不是用除法运算来撤销乘法运算（即逆运算），而是用另一个乘法运算来撤销已经发生的乘法运算！也就是说，我们把撤销的责任从运算上转移到了数上。我们不再是用除以 7 的非乘法运算，而是用乘以 7 的倒数的方法来撤销乘法运算的作用。我所做的一切就是把东西穿上，而不是穿上后再脱下（这需要有穿上和脱下这两种不同的操作）。早上我穿上鞋，晚上我继续穿上“反鞋”，也就是我的“倒数鞋”，有了它，我不用再穿普通鞋了。我将工作交给了鞋子，这样我就不用继续做了。

那么一个数除以 $\frac{1}{2}$ 是什么意思呢？并不是把它一分为二，那是除以 2 的意思。现在是除以 $\frac{1}{2}$ ，而不是一分为二。如果我们想用 5 除以 $\frac{1}{2}$ ，我们问的是多少个 $\frac{1}{2}$ 才等于 5，或者说什么数一分为二后等于 5？很明显，答案是 10。那么 5 除以 $\frac{1}{2}$ 等于 10 吗？除以一个数后反而变大了，这说得通吗？

也许我们太习惯于除以大于 1 的数了，它意味着结果会缩小。但在这里，我们是除以小于 1 的数，所以需要更大的数才能达到要求的总数。具体来说，10 个一半才能凑成 5 个整数。

这里我们看到了倒数关系的美和对称性。正如除以 2 等于乘以 $\frac{1}{2}$ ，我们发现除以 $\frac{1}{2}$ 与乘以 2 的效果也完全相同。

让我们看看能否更深入地理解这种行为，我们选择将除法看成是一种非乘法。如果我们将复印机想象成有输入槽和输出槽，这样当我们把一个数插进去的时候，如果出来的数变成了原来的 7 倍，那么除以 7 就可以认为是把一个数放进了输出槽，让机器反向运行。（不要用真正的复印机去试！）我想说的是，这样做和正常在机器上运行是一样的，只是需要把缩放因子设为 $\frac{1}{7}$ 而不是 7。再说一遍，这就是我刚才所说的用逆过程换取倒数。

假设现在我把机器设置为乘以 $\frac{2}{3}$ ，作为一个过程，这意味着先放大 2 倍，然后缩小为放大后的 $\frac{1}{3}$ 。很明显，这个过程的逆过程（或者说相反过程）是先放大 3 倍，然后缩小为放大后的 $\frac{1}{2}$ 。也就是说，要抵消乘以 $\frac{2}{3}$ 的作用，只需要再乘以 $\frac{3}{2}$ 。分数的倒数只是把分子和分母互换一下。多么让人意想不到，却又如此理所当然。

事实上，这个规律有一个有趣的例外，那就是数 0。并不是说任何人都有理由把一个量分成零个部分（不管那可能意味着什么）。我的意思是，如果要将除法运算看成是乘以相应的倒数（或者让复印机反过来运行），我们就应该意识到，在乘以零和除以零的情况下，这个比喻会崩溃。原因是乘以零的运算会破坏数的信息：任何数乘以零仍然等于零，或者说，以零为放大因子，任何数都归结为零。无论你往复印机里放什么数，出来的数都会是零，这意味着不可能存在一个反向的过程。有些运算的破坏性很大，无法撤销。还有一种说法是，由于0乘以任何数都是0，永远不可能是1，所以0（也仅有0）不存在倒数。除了这个限制之外，其他一切正常。

所以，除以某个分数（如果你认为整数的分母为1的话，那也包括整数）就等于乘以它的倒数，分数的倒数把分子分母颠倒过来就可以得到，既漂亮又方便。

但它同时也是危险的，就像数学中许多遵循简单优雅规律的事物一样。危险的原因是，人们会把视觉和触觉上的符号运算看成是定义性的而不是行为性的。5×3并不是3×5，虽然这两个乘积恰好相等，这样的结果既是漂亮的又是幸运的，但它却并不能从乘法就是复制的定义中直接得出——相反，它是一个需要解释的发现（事实上，我们已经有了解释，如果喜欢的话可以用石子的行和列来解释）。

同样，除法并不意味着“求倒数然后再相乘”（一些不幸的义务教育牺牲者似乎相信这一点），就像脱鞋意味着穿上反鞋一样。这并不是“意义”这个词所指的意思，而是看法、思考、推断或解释这些词的意思。数并不是页面或屏幕上的符号，算术运算也不是这些符号的运动或转换规律。然而，我们能以一种便于使用的方式对所有东西进行编码，这当然是很好的，我也不会去替换它。我只想在自己的头脑中搞清楚到底什么是什么。

最后回到前面所说的枫糖浆的例子，我们想把200加仑的枫糖浆分装到可以盛$1\frac{1}{3}$加仑的壶中，那么所需要的壶的数量就是200除

以 $\frac{4}{3}$。如果愿意，我们可以把它看作是 $200\times\frac{3}{4}$，或 $\frac{600}{4}$，这就是需要的壶的数量。当然，我们并不是真的对 $\frac{1}{4}$ 壶感兴趣，我们只想用整壶去度量（并且希望壶是完好的没有洞）。

一种简单的除以 4 的方法（也就是切成 4 等份）就是连续 2 次切成两半，所以 600 变成了 300，然后变成了 150。很完美，不存在余数。因此，我们可以将 200 加仑的枫糖浆正好装进 150 个容积为 $1\frac{1}{3}$ 加仑的壶中。

如果有 201 加仑的枫糖浆，情况又会怎样？

总而言之，我是这样认为分数的：首先，在实际的日常生活中，它们绝对不是必需的。即使你生活在像美国这样的还在使用过时的英制单位的国家，你也可以直接拿出计算器，进行所有必要的计算。用十进制来表示所有的数，并将剩下的工作交给机器去做，然后根据需要选择合适的精度，利用这个近似值就可以了。

当然，生活不仅仅是完成任务，还有学习、理解、快乐、爱和乐趣。如果你对数和人类思维中其他抽象的构造感到好奇，那么还有数学。数有很多美丽而有趣的特性等着我们去发现和研究，分数就是其中一个特别优雅而有趣的领域。

它们特别善于保有精确的测量信息（这也是为什么它们特别不适合用于实际和科学目的）。任何可以通过反复切分和复制一个单位而得到的量，都可以用由分子和分母组成的纯分数形式保存，而且我们可以很方便地对这样的量进行加减乘除和比较。

分数的乘法规律最简单，只需要各个分数的分子和分母分别相乘（例如，$\frac{2}{3} \times \frac{5}{7} = \frac{10}{21}$）。除法也一样，我们可以把它看作是乘以除数的倒数，例如，$\frac{2}{3} \div \frac{5}{7} = \frac{14}{15}$。

对于加减和比较，我们通常希望用相同的分组大小来表示所有的数，所以这就意味着需要进行通分来得到公分母，然后我们就可以只对相应的分子进行加减或比较。例如，对 $\frac{3}{4}$ 和 $\frac{2}{3}$ 进行通分，得到 $\frac{9}{12}$ 和 $\frac{8}{12}$ 后就很容易处理了。通分后，就可以看到我们实际上只是在处理分子 8 和 9，它们计数的都是 $\frac{1}{12}$ 的事实则可以放到后面处理。只要你对单位掌握得很清楚，那么分数的算术其实就是整数的算术。

下面哪个数更大：是 $\frac{3}{5} \times \left(\frac{2}{7} + \frac{1}{3}\right)$

还是 $\frac{13}{11} \times \left(\frac{3}{5} - \frac{2}{7}\right)$？

负数

数那美丽的对称性

尽管从实用的角度来看，分数这样的数用处并不大，也并非必要，但它们确实很简单方便，并且有着许多美丽而优雅的性质。此外，分数能够以任意的高精度去接近真实世界的测量值，这使我们可以用它来构建真实的简化模型。这样的简化模型思考起来更简单，也更易于使用。真实的桌面是木纤维、水和油这些有机物与无机物混在一起的，而且上面到处都是尘螨和细菌。当用一个想象中的完美矩形去代替模糊的、毛茸茸的、摇摆不定的原子团时，我们就摒弃了所有的复杂性，进入了一个更安静平和，更简单精确的世界。

当然，这是否说得上是好主意，完全取决于你正在做什么以及你关心什么。如果你打算对这个桌面进行粉刷和装饰，而它的边角恰好是圆滑的，那么你可能就需要将这一事实纳入构建的数学模型中去。我们都想简化，但有时走得太远就会遗漏重要的信息。

测量也同样如此。如果我们拿出卷尺，发现桌面的尺寸（大约）是 $32\frac{1}{2}$ 英寸 × $18\frac{3}{16}$ 英寸，那么称它为 32×18 的矩形可能不够精确。这取决于我们正在做的事情，被忽略的半英寸可能非常重要。另外，当精确度超出一定水平之后（也许非常精确），我们就不再关心或者说不能继续区分其中的差别。假设对我们来说，我们乐于忽略那些小于 $\frac{1}{8}$ 英寸的东西，那么就可以将 $18\frac{3}{16}$ “四舍五入”为更简单的 $18\frac{1}{4}$，然后用更为精确的 $32\frac{1}{2}$ × $18\frac{1}{4}$ 的矩形来模拟这个桌面。如果愿意，我们甚至可以用 $\frac{1}{4}$ 英寸作为单位来制作一个比例模型，这两个分数就可以表示为 $\frac{130}{4}$ 和 $\frac{73}{4}$，这样，我们就可以想象这个抽象矩形有着整数尺寸 130×73。然后，我们就可以在远离实际木制桌面的情况下，利用这个更便携、更方便的思维构造，继续规划我们的粉刷和装饰项目。

这就是科学家和工程师花时间在做的事情：为遇到的问题构建简化的数学模型，然后利用数学对象所遵循的精确而优雅的规律对这些问题进行研究。最后，再次回到现实，做出在他们看来合理而必要的近似处理。这样一来，数学就可以被看作是“模型商店”，是现实简化模型的方便来源。

然而，对数学家来说，这种对应关系是以另一种方式进行的。他们感兴趣的是抽象的假想模型，而现实仅仅是作为建模材料的来源。如果想思考完美的假想矩形，我完全可以将桌面或是一张纸作为粗糙的、不准确的物理模型。当然，我们明白这样一个笨拙的平凡物体永远不可能包含任何真正的数学真理（特别是，它不可能有精确的测量），但它仍然可以给我一些想法，引导我去观察和领悟。

所以对我这样的数学家来说，现实就是模型商店。这也可以说是柏拉图的观点：现实事物只是真实的、理想化的数学形式的影子。

尤其是数本身就是这样的双重存在。当你说篮子里有 5 个柠檬或者你有 5 英尺高时，我们都知道（至少大概知道）这是一个粗糙的、真实世界的陈述。一般人们不会问“柠檬”或“英尺”到底是什么意思。如果不仔细考虑，我们往往会用数学的方式来建模，忽略柠檬和英尺，只用数字 5 来编码信息。

但从理论上来说，5 又到底是什么呢？5 个什么？我想我们可以说是 5 个 1，但这样一来，我们就必须解决“1”的数学含义问题。脱离了现实的参照物，1 到底是什么？

我想我们可以忽略古希腊时代和中世纪关于这个问题的漫长学术思想历史（在我看来相当迂腐和琐碎），而是直接告诉你现代数学家思考数的方式，或者我喜欢的思考方式。

我想可以用一句话来概括现代数学的观点，我们可以把这句话当作代数学家的信条：数就是它所起的作用（a number is what a number does）。这句话的意思是，数是什么其实并不重要，重要的是它们的行为；它们的行为其实就是一种定义性的特征，或者说隐性的描述。鸭子是什么真的很重要吗，我们看到的不就是它能游泳，并且会嘎嘎叫吗？

数学研究的是模式和规律。当然，我指的是抽象的模式和规律，数学现实中的模式和规律。像三角形和数这样的数学结构，具有各种有趣的特性，不赋予它们某种存在几乎是不可能的。它们是“数学实境”中的“生物”，我们发现的各种模式和规律就是它们“被观察到的行为”。

特别是，我们开始感觉数不那么像量了，而更像是实体——这些生物彼此之间相互作用并参与到奇怪复杂的算术舞蹈中去。

因此，数 $\frac{2}{3}$ 表示的并不是某个数量的三分之二，如巧克力棒或米尺，而是可以抽象地看作是“乘以 3 等于 2 的数”。作为一个想象的数学实体，它完全是由它的作用来定义和决定的。任何具有乘以 3 等于 2 属性的事物，都可以看作是三分之二的“化身”。

说到这里，你可能会问，那么 2 和 3 又是什么，它们又是做什么的呢？现代的数学观点会认为，像 2 和 3 这样的整数都是加法的结果：3 是 2+1 的缩写，而 2 则是 1+1 的缩写。

但 1 又是什么？当然，定义总得在某个地方停止，难道不是吗？我们不能总是用别的事物来定义某个事物。我们可以这样吗？

事实证明，我们其实可以，例如数 0，就可以通过行为来定义。我们可以将 0 看作一个具有特殊属性的实体，当它加某个数时得到的和还是这个数，它并不是表示什么都没有的符号，或者是当你没有任何柠檬时你所拥有的柠檬数量。

同样，我们可以把数 1 定义为，当与其他数相乘时乘积仍然等于此数的数。这里，我们看到了 0 和 1 这两个非常特殊的数，它们的特征并不体现在现实世界中的形象上（即作为集合的大小），而是体现在操作上，体现在它们的行为及与其他数的关系上。0 并不是不再计数了或者什么都没有，而是什么都不做（至少进行加法运算时如此）。

但是，加法又是什么呢？不就是把一堆石子推到一起吗？如果不认为数是通过计数或测量得到的，而认为它是某种抽象意义上的“行为”，那么我们对加法和乘法这样的运算又会持什么样的观点呢？没有计数的话，又何谈加法呢？

再提一次，现代的观点是忘记具体的现实世界概念从何而来，而把我们的注意力集中在行为模式上。这样，问题就不再是加法是什么，或者加法是什么意思，而是加法表现出了什么样的模式和规律。与其他的活动相比，加法的外在行为特征有哪些？

现在是时候进行某种类比了。假设你有满满一笼子的仓鼠，你对它们的行为很感兴趣。你可能会注意到其中一些仓鼠会进行各种交配仪式和其他社会行为，你也可能观察到有些仓鼠在仓鼠群体中似乎有着特殊的地位。这个笼子里的仓鼠既存在某些共性（比如它们都有骨架），同时每只仓鼠又表现出唯一性和特殊性。这大体上就是现代数学家对数的感觉。

特别是，我想象中的仓鼠喜欢去做正常的仓鼠做不到的事情：它们喜欢“结合”形成其他仓鼠，我们可以尝试使用某种生殖隐喻，但其实并不十分贴切。数学运算（如加法和乘法）其实并没有真正“创造”出新的数，它们只是将已有的数关联起来。最简单的思考数学运算的方法，不是将它看成是结合或连接这样的活动或过程，而是更抽象地看成是一种赋值。也就是说，对每一对仓鼠，我们只需指定某只仓鼠作为它们的“和”。那么，所有的算术运算都建立在平等的基础上，对两个数进行抽象的赋值。这样问题就变成了，这些不同的赋值模式之间都有什么差别。

所以我们（作为数学家）要问的问题就是，加法有什么作用？它是如何区别于完全随机分配一只仓鼠给一对仓鼠的？首先，加法是对称的，也就是说，和值并不取决于两个数相加的顺序。这是一种罕见的运算性质，例如除法就没有这种性质。3 除以 5 和 5 除以 3 完全不同，但是 5 加 3 却恰好等于 3 加 5，这并不是因为 3 和 5 这两个数有什么特殊的性质，无论哪两个数相加都是如此。

我们这里说的是一个普遍的性质，它适用于所有的仓鼠，而不仅仅是少数特殊的仓鼠。表示这种性质的一种方法是使用下面这样的通用公式：

$$\triangle + \square = \square + \triangle$$

这里我们用方框和三角形来代表任何数，所以上面公式的意思是，两个数的和与它们相加的顺序无关。具有这种性质的运算被称为可交换的运算（commutative，来自拉丁语 *commutare*，意为“交换”）。无论如何，这可以说是传统加法的一个性质：把两堆东西推到一起是一种对称的活动。

加法还有其他值得提起的普遍性质吗？事实上，加法还有一个重要的性质，我们在使用时几乎意识不到，但它绝不是微不足道的：我们可以将几堆东西推到一起，按什么顺序去做并不重要。也就是说，我们可以将加法运算从两个数扩展到任意多的数。

假设（至少最初）加法是一个二元操作，也就是说，它会为两个相加的数赋上一个和值。（我们已经训练仓鼠一次只有两只参与这种活动。）然后，我们可以让前两个数先相加，再让第三个数加前两个数的和，这样就有三个数参与了加法运算。因此，要让 2、3 和 7 相加，我们可以先让 2 和 3 相加再加上 7，即（2+3）+7。当然，其他人可能会以不同的方式将它们相加，比如说 2+（3+7）。幸运的是，在进行加法运算时，这两种方法得到的结果是相同的。也就是说，加法有如下普遍的性质成立：

$$(\triangle + \square) + \star = \square + (\triangle + \star)$$

可以说随意平常的运算绝对没有这样的性质。（事实上，减法或除法也没有这样的性质。）这个非常方便的运算性质通常被称为结合律（associative，来自拉丁语 *socius*，意为“同伴”）。这意味着多个数在相加时，按任何顺序组合在一起都可以。也就是说我们可以省去所有令人讨厌的括号，直接写成 2+3+7 并且不会产生歧义。

因此，这两个非常好的普遍性质使加法运算（作为用数给一对数的赋值运算）区别于其他运算。而且正如我们所看到的，乘法也具有这两个性质。这意味着我们可以将很多的数相加（或相乘），而不必担心加法（或乘法）是按照什么顺序进行的。这种方便的性质很少见，大多数运算都没能为我们提供这种便利。

定义均值运算◇为取两个数的平均值

（例如，3 ◇ 5=4，9 ◇ 3=6，4 ◇ 1= $\frac{5}{2}$ ），

请问这种均值运算是否满足结合律?

我们可以看到，加法和乘法与大多数其他运算的不同之处在于其对称性。相比之下，减法和除法尤其显得笨拙，没有吸引力。如果从纯美学的角度来看，加法可以说是美丽的公主，而减法则是丑陋的蛤蟆。

事实上，现代观点认为减法和除法是多余的、不必要的运算，可以摒弃不用。这是现代数学观点所带来的一个有趣且让人意想不到的结果，所以我想要告诉大家。

我们在前面看到，人们很自然地认为这些“次要”的运算可以看作是那些更对称运算的相反运算。也就是说，当两个数相减时，比如说 8−5，我们其实是在问一个加法问题：什么数加上 5 才能变成 8？我们甚至可以把符号 8−5 看作是对某个实体的命名和描述，即“加 5 等于 8 的数”。

当然，我们已经有了这个生物实体的名称，即 3（以及许多其他名称，如 1+2，12÷4，等等）。既然 8 是通过 3 加 5 的过程得到的，那么我们也同样可以说，3 可以通过 8 做相反的过程而得到。也就是说，减 5 可以认为是加 5 的逆过程。

这说明逆过程可能不会像原过程那样对称并有着很好的性质。加法满足交换律和结合律，其逆过程减法则一个都不满足。除法相对于乘法也是如此，这非常有意思，让我想起了生活中的很多情形，撤销某件事情并不像原来去做这件事情那么简单和容易。比如说，鸡蛋掉到地上很容易，但是想让碎了一地的鸡蛋再变成完整的鸡蛋则几乎不可能。拼图游戏依靠的就是不对称性：把一张照片切割成几百块小碎片是很容易的，但把它们重新组合起来却又是一个费时费力的过程——需要试着找到那块上面有一点点粉红色的构成小猫鼻子部分的碎片。

总之，我们有自己想要去研究和理解的运算，而且一旦有能力去撤销这些运算，事情就变得很方便（也很有趣），但我们却不能指望撤销运算能像原来的运算那样表现出很好的性质。

在讨论这个问题时，减法还有一个更丑陋的特点我们没有考虑到：它不仅不对称，而且往往根本没有任何意义。在担心 5 减 3 是否等于 3 减 5 之前，我们就不得不面对一个更严重的问题，那就是“3 减 5”到底是什么意思。

从堆石子的角度来看，这根本就是无稽之谈。我只有 3 个石子，怎么能拿走 5 个呢？我当然可以拿走 3 个，这样就一个也不剩，但问题是我还需要继续拿走两个，怎么可能无中生有呢？

在现实世界中，我当然做不到。但数学的好处是，我可以做任何自己想做的事情，而不用管在现实中是否可能。只要我能够想象或是发明出某种逻辑上合理的结构，那么它就会立即成为数学实境的一部分，并且和数学中的任何其他东西一样“真实”。

这里的问题是对称，或者更确切地说，是缺少对称。在加法运算中，不管我想用什么数加上另外一个数，它们的和在数的王国中总是存在的（或者说在仓鼠世界中总是存在的，如果你更喜欢这种心理意象的话）。但在进行减法运算时，我们需要加上一个令人不快的限制：减去的数不能超过我们拥有的数。肯定有一个数加上 3 等于

5，但（目前为止）还没有哪个数“加上5等于3”。这让数学家厌恶地皱起鼻子（至少我的是这样的）。

一个务实且按常识行事的人遇到这种情形可能只会耸耸肩，认为事情就是这样的。减法的本质就是不对称的，毕竟，加法会让数变得更大，是吧？所以，你拿走的东西不能比自己拥有的还多也是有道理的。你们这些做数学梦的人必须要面对现实，你不可能永远得到你想要的东西。

不过事实并非如此，我可以得到自己想要的东西。问题似乎是我们缺少一些数，那为什么不把它们补上呢？毕竟，是在产生把余数切分的想法之后，我们才有了分数。难道我们不能发明一些新的数去扮演我们需要的角色吗？有什么能阻止我们这样去做呢？

这其实是数学的一个重要主题。我们有某种结构，它也许起源于现实世界也许不是，但无论如何，我们现在有一个纯粹抽象的、想象出来的数学结构，我们想去研究它的规律和特征。在某些时候，我们可能会发现某种令人不快的缺失——我们感觉这个结构在某种程度上不完整，而我们希望它更丰富、饱满，从而能够实现它的美学目的：以最优雅的方式保存规律化的信息。这就是通常所谓的扩展问题，我们想通过添加新的实体，比如说数，来改进某种现有的结构（具体到我们的例子，就是数及其运算），从而让该结构继续拥有良好的性质和对称性。

总而言之就是我们要创造一些新的数，以便让减法表现得更好。我希望不管现在有多少我们都能够拿走任意多的东西，特别是，即使什么也没有我们仍然能够拿走一些东西。例如，我希望有这样一个数，它与 2 相加等于零。

做到这一点（至少在比喻意义上）的一种方法是想象有一群羊。除了通常的普通羊之外，我们还可以想象有一种被称为“反羊”（antisheep）的羊。这些羊和普通羊一样，除了拥有一个奇怪的特性以外，那就是当一只羊和一只反羊接触时，它们会立即消灭对方并消失。我知道不会有这样的羊存在，我只是在假设。（事实上，根据我们目前对物理宇宙的理解，这样的反羊很有可能存在，或者可以制造出来，只不过制造成本太高了。）关键是，现在我们有了一种东西，可以把它与一对羊相加然后却什么也没有得到，这种东西就是一对反羊。

其实我们之前已经讨论过这个想法，即鞋子和反鞋。这个想法是用运算代替实体：就像可以用穿上反鞋来代替脱鞋的活动一样，我们可以用加上反羊来代替减去羊的运算。例如，如果我有 5 只羊并想去掉其中的 3 只，一种方法就是引进 3 只反羊，然后就会有 3 只羊消失最后剩下 2 只。

更抽象地（也更缓和地），我们可以引入像“反 2”这样的数，它将被定义为“加上 2 等于零”的数。羊的意象并不是必要的，反 2 不需要被看作是任何东西的集合，它只是一个需要去扮演角色的演员。

当然，我们在这里谈论的其实就是负数（negative numbers）的发明（如果你愿意认为是发现也可以），负数就是，或者可以解释为小于零的量或度量。现在它已经成为相当普遍的想法，特别是在气候寒冷的时候，温度会远远低于温度计上的零度标记（零度是任意选取的）。生活在北达科他州的每个人都知道，当气温为零下 20 度时，需要再升温 20 度才能达到零度。

尽管这些在今天看来既很普通也为人们所熟悉，但在历史上，负数却被人们普遍怀疑，人们更多地认为它是一种记账技巧而不是合法的数。事实上，文艺复兴时期的一般商人从不使用负数。收入和支出通常是分开记录的，使用两种不同颜色的墨水：黑色代表盈利，红色代表亏损（这就是“in the red”，即负债的来源）。黑色和红色的数字可以分别合计，然后再进行比较。

在某个时刻一定有人注意到，如果你将核算和记账中所涉及的各种加减运算都执行一遍，最后的总数与加减运算执行的顺序无关。也就是说，你不必等到有了足够的钱才去消费（正如我们很多人后来悲哀地发现的那样）。小于零只是意味着你欠债了，因此如果你愿意，完全可以从商业术语的角度去看待负数，将它看作是债务的度量。

就像反羊的比喻一样，这种思维方式可以说是将示例具体化，其目的是使一个抽象的概念看起来更加真实或有形。我们有一个纯粹抽象的数学构造（这里即负数），为了让自己感到更舒服，我们以这样一种方式内化它，以便对它有更直观的感受，因此我们想出了这些具体的形象并与现实世界作类比。虽然我们很聪明，有想象力，但我们毕竟是有手有眼有经验的灵长类动物，因此我们的大脑会利用一切它能够得到的帮助。

所以，尽管不需要这样的想象就能使这些新的生物在数学世界中存在，但偶尔在脑海中出现像温度计或反羊之类的东西，肯定不会有什么坏处。

我们继续按计划进行。对每一个像2或5这样的普通“正数”，都有一个相应的“负数”存在，其特点是加上普通的正数所得和为零。（所以我们基本上将仓鼠的数量增加了一倍。）我想，我们可以称它们为黑数和红数，甚至用相应的颜色去书写，但是用某种符号进行区分要简单得多（也便宜得多）。通常使用的符号是负号（–），这让人有些困惑，因为它看起来很像减号（–）。这样做是有充分的理由的，正如我们将要看到的那样，一旦习惯了使用起来就会很方便，但是让相同（或者说几乎相同）的符号来表示两种不同的东西，即使（也许特别是）它们所表示的意思是密切相关的，也总是让人有些不舒服。

结果是，我们有了 -2（读作“负二”）和 $-\frac{5}{3}$（负三分之五）这样的数，它们在生活中的唯一作用就是与对应的正数抵消。也就是说，-2 所起的作用就是与2相加时等于0，因此，我们有

$$2+(-2)=0$$

这里要注意我为什么将 -2 放到括号里，因为我想将加号（+）和负号分开。实际上，这个解释没有说服力。数学符号的问题在于，它往往是由印刷工人临时拼凑出来的以节省成本，毕竟使用已有的字模要比刻一个新的更简单。

无论如何，2和 -2 就像羊和反羊，它们可以互相抵消对方。请注意，这是一种对称的关系：不仅 -2 是起着“反二”的作用，同时

2 本身也起着抵消 −2 的作用，实际上是使它成为“反反二”。所以，我们不能仅仅认为负号是一个单纯的标签，用来区分正数和负数，而应该将它看作是否定运算符，作用于所有的数，把每一个数变成它的相反数。所以 −2 是 2 的相反数，而 −（−2）则是 −2 的相反数，也就是 2 本身。

−0 表示什么意思？

所以，现在我们既有涉及两个数的减法运算，也有求单个数的相反数的运算。更让人困惑的是，我们使用基本相同的符号来表示这两种运算。同时，这两种运算之间也存在着密切的关系。一方面，我们可以认为 −2 是减法运算 0−2 的速记，毕竟这就是我们创造 −2 这样的数的目的，当某种东西一个也没有时却仍然被“拿走”两个，我们就会得到 −2。更一般地说，任何东西减去二个与加上负二个，结果都是一样的。举个例子就是，不管是正常地牵走两只羊，还是加上两只反羊，最终羊的数量都是一样的。

这就意味着，我们可以永远不做减法了。减去某个数就等于加上它的相反数，所以一旦每个数都有了相反数（现在已经如此），我们就可以用加法来替代减法，就像一旦有了反鞋，有“穿上”这个动作就足够了。

这是个好消息，在任何时候，我们都可以去掉一些大而昂贵的东西，比如运算，用大量廉价的虚拟仓鼠来替代，这是值得做的。现在我们只需要做加法，加法要比减法好，因为它更对称。

事实上，现在我们有了一个有趣的窗口来观察减法的不对称性：要加的两个数中只有一个会取相反数。3+（−2）显然是不对称的，其中的2取相反数，但是3却没有。

按照现代抽象的思维方式，我们不需要用消灭的概念来表达我们所说的否定。简单地说，就是每个数都有一个关联的数（即其相反数），这里的关联指的是它们相加为零（回忆一下，加零就相当于什么也没做）。

这个观点的迷人之处在于，我们没有在任何地方要求这些实体必须是任何形式的量（这也可能使它看起来毫无意义并令人困惑）；也就是说，它们本身不必是数。实际上我们并不关心它们是什么，而只关心它们的行为，如果它们的行为方式是我们需要的，我们就认为它足够好了。如果它表现得像零，我们就认为它是零。

因此，让我们从心底里接受负数是和正数一样真实的。从数学上来说这没有问题，因为数学本身就是我们的头脑创造出来的，而且我们还对负数的意义做了各种各样的具体化，比如反羊、债务和温度计，以缓解我们可能会有的任何不安。

现在的问题是，我们的新仓鼠要如何与旧仓鼠相处以及它们如何互相适应。加法可以说是相当清楚的，尤其是以具体的羊为例：5+（−2）=3，（−1）+（−1）=−2。有趣的是，减法还有一个新的弯弯绕：我们说减去某个数相当于加上它的相反数，所以减去−2就等于加上2。换句话说，拿走两只反羊就等于加上两只羊。

有一种有趣的方式来解释为什么这样说是有道理的，我们想象往羊群中增加两只羊和两只反羊。由于两只羊和两只反羊加在一起，相当于羊群没有发生任何变化，但如果现在将两只反羊拿走，就很容易看出羊群里增加了两只羊。

那么债务可以怎么解释？

尽管初看上去，加法有时会让数变小而减法反而会让数变大有些奇怪，但这种新的数字系统实际上有了很大的改进，为我们提供了一个更漂亮、更对称的运算环境。我们现在可以自由地进行加减运算了，没有任何顾虑和限制，每个数都有相应的相反数，所有的运算规律（比如加法的对称性）都保持不变。另外如果愿意的话，我们现在完全可以将减法扔进垃圾箱，从此就可以把自己当作加法器了（这里的 adder 指的并不是蝰蛇）。

但是负数的乘法和除法呢？在引入负数时，我们只要求它们能够表现出某种可加性，也就是某个数与其相反数相加等于零。我们忽略了负数应该如何进行乘法运算。我们想让（−2）×（−3）表示什么意思呢？将某个东西复制 −2 份又是什么意思呢？我也不知道怎样负数次去做某件事。

显然这些事情都需要我们去具体化。理想情况下，我们可以用一个新复印机的比喻，通过某种方式将负数包含在内，来为负数乘法提供直观的意义。事实上，有很好的方法可以做到这一点，但我们必须要小心一些。这又是一个扩展问题，我们需要把乘法的意义扩展到更广泛的领域。当然，我们可以任意去发挥。毕竟，如果（−2）×（−3）还没有意义（目前就是如此），难道我们就不能认为它等于 42 或 $-5\frac{1}{2}$，并进一步给所有这样的乘积任意赋值吗?

我们当然可以这样做，但这样一来，我们就有可能毁掉所有美妙的规律和对称。现代的方法是让模式和规律本身来决定我们的选择。其实我并不在乎（−2）×（−3）到底是多少，只要它能保持美妙的规律不变。(彩绘玻璃窗实在是太漂亮了，我们要在它周围建一座大教堂。)

特别是，乘法失去了对称性会让人心碎。所以不管我们为（−2）×（−3）赋上什么值，它最好等于（−3）×（−2），否则我会很难过。

这是我们的第一个要求，即保持乘法的对称性。这实际上迫使我们做出了一些决定，例如，我知道想要加倍是什么意思，这就告诉我们 2×（−1）应该等于多少，一只反羊的两倍就是两只反羊，因此 2×（−1）=−2。如果坚持保留对称性（我们也是这样做的），我们就不得不选择（−1）×2 也等于 −2。

这是我们的第一个意义扩展，我想把它搞清楚。最开始乘法的意思就是复制，3×5 的意思是“三个五”。现在我们需要稍微改变一下，(−1)×2 的意思不是“负一个二”（这是毫无意义的），而是“无论它的意思是什么，都能够保持对称性不变”。

当然，用 5 代替 2 同样的论点也仍然成立。任意数量个 −1 就相当于有那么多只反羊，因此 5×（−1）=−5。换句话说，我们只是简单地在数反羊的数量。(这样的比喻能帮助你保持清醒吗？)更一般地，如果把一只反羊放在复印机上，然后再缩小或放大它，我们就会得到更少或更多数量的反羊。因此，$\frac{2}{3}\times(-1)=-\frac{2}{3}$。举例来说，$\frac{2}{3}$ 只反羊刚好会抵消 $\frac{2}{3}$ 只羊。既然选择了保留对称性，我们不得不选择让（−1）×5 = −5，（−1）× $\frac{2}{3}$ = − $\frac{2}{3}$ 以满足对称性的要求。

因此，我们实际上得到了一个相当不错的解释：用 −1 乘某个数就会得到这个数的相反数。如果愿意，我们也可以将一个数的相反数重新解释为用该数乘以 −1。

同理，乘以 −2 也可以用同样的方法处理。由于 5 个 −2 等于 −10（我头脑中出现的是反羊），所以我们希望 5×（−2）同样等于 −10。因此，乘以 −2 的作用就是翻倍后再求相反数。换句话说，把 −2 看成是（−1）×2 很有道理，所以乘以 −2 就等于乘以 −1 再乘以 2，我们得到了两次乘法的效果。

既然我们知道了负数在相乘时如何表现，要扩展一下复印机的比喻也并不难。否定其实是一个自我否定的过程，想撤销它你只需再做一次，就像翻转一枚硬币再翻转一次或是已经转了半圈再转半圈就会回到起点一样。否定是一种镜像活动，将数移到零的另一边，所以我们可以用现实的反射作为模型。也就是说，除了放大和缩小，我们还可以让复印机进行“反向”的复印（我相信很多现实生活中的复印机就是这样的）。

现在，扩展后的乘法运算有了一种非常简单的具体化（reification）：乘以正数就像以前一样，简单地根据该数进行缩放，乘以负数则会先缩放再求相反数。

坚持选择对称性的一个结果是，两个负数的乘积会为正数。例如，（−2）×（−3）一定等于 6，这是因为当你将 −3 翻倍后再求相反数得到的就是 6。另一种思考方式是，想象将 1 放入复印机，先设置为放大 −3 倍（即放大后翻转），然后再放大 −2 倍，即翻倍后再翻转。显然，这就等于放大 6 倍，这里的重点是所有这些放大、缩小和翻转的过程都可以按任何顺序进行，翻转两次和完全不翻转结果相同。

我们也不难看出负数的倒数应该是多少。要抵消乘以 −2 产生的作用，我们只需要再乘以 $-\frac{1}{2}$，而 $-\frac{2}{3}$的倒数则应该是 $-\frac{3}{2}$，我们需要用一个负号来消除另一个负号。如果你愿意，也可以说是负负得正。（当然，零仍然没有倒数，原因和以前一样，我们没有办法去撤销这样一个破坏性的乘法运算。）

如果愿意，我们可以将除以负数定义为，乘以它的倒数，或者干脆更进一步完全不使用除法，将它看成多余的。

现在，我们有了一个完全对称的数字环境，在这里我们可以随时想加什么数就加什么数，想不加就不加，想乘什么数就乘什么数，想不乘就不乘。这个由正分数和负分数组成的数系（当然也包括像 5、0 和 −3 这样的整数），被称为有理数域（rational number field）。这里的形容词“有理”是指这些数可以用整数的比（也就是分数）来描述，而不是说这些数在“思考”时是理性的，或沉着冷静的。有理数域为算术运算提供了适当的场所（至少在完美的数学意义上），为我们的研究和游戏提供了美丽而丰饶的图景。

假设我们希望有两个零的实体，其中每个零都有这样的性质：

当与任何数相加时都等于该数。

请问如果真的这样会有什么问题吗？

∨
∨
∨
∨

计数的艺术

发现通用的规律

现在我想向大家展示一些非常漂亮的事物。让我们先回到计数这个简单的想法上来，计数就是为了搞清楚某种事物有多少个。前面我们已经讨论了算术的技巧，即为了进行比较而对符号数字信息进行重新组织和排列，现在是时候谈谈艺术了，漂亮的计数艺术。

当然，如果你想计算一堆杂乱无章的信息，比如今天的收据总数或是电话簿上的电话数量，那么除了卷起袖子做一些老式的计数和算术外，还真没有什么别的好办法，而且恐怕也没有多少艺术含量。

不过，如果你要数的东西在某种程度上非常规律、有序并且对称，那么我们就可以用聪明和有想象力的方法去数，而不用机械乏味地去数。当然，这可能需要相当多的额外脑力劳动，但这完全符合数学家的一般理念：愿意真正努力地思考，以便找到巧妙的方法来摆脱实际的工作。

这样一来，我们不仅省去了乏味枯燥的实际计数过程，而且还得到了极大的满足，因为我们有了一个优雅而强大的想法，它不仅能提供实际效用，还能持续给人带来快乐。

所以，请做好准备去看一些让人惊叹的美丽想法。我们抱着纯粹计数的目的，去数那些美丽的事物，那些有着简单优雅规律的事物。

让我们从下面这个漂亮的设计开始。

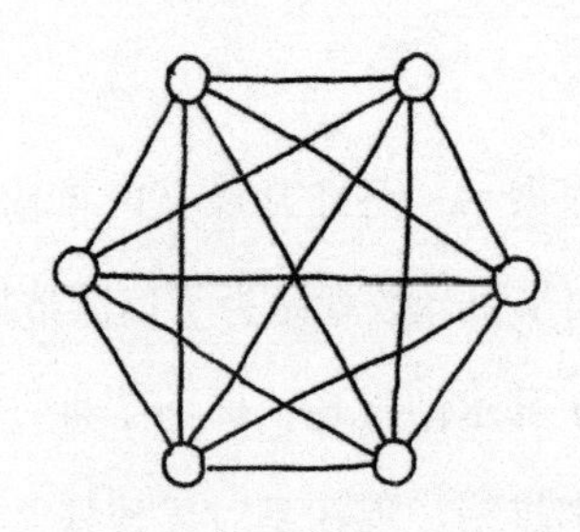

这是一个由 6 个点组成的环形，每两个点之间都有一条线连接，没有比它还要规律和对称的图案了！现在的问题是，它一共有多少条线段？

当然，我们可以一个一个地去数，如果很细心，你会数出一共有 15 条。但是作为一个计数人，这样一条一条去数是不是很可悲？"我是不是忘了一条？等等，那条我是不是已经数过？哦，不，我是不是忘记自己数到哪里了？！"

还好，说的不是我，我简直无法承受这样的压力。这么漂亮的图案，一定还有更好的方法。一种办法是有组织地去数，以保证既不遗漏也不重复，自然的方法就是先从一个点开始，数以它为顶点的线段数，然后将这些线段标记为数过的，再换下一个点，数以它为顶点且未标记过的线段数，以此类推。其实，这样做相当漂亮：第一个点有 5 条线段，下一个点有 4 条，其余以此类推。这是一个很好的规律，现在我们可以得到总的线段数是

$$5+4+3+2+1=15$$

值得注意的是，最后一个点没有增加任何线段，这是因为这些线段前面已经都数过了。（所以，如果你愿意，最后加的数其实是零。）显然，无论我们有多少个点，这个方法都是适用的。比如说，如果有 11 个点，那么总的线段数必然是

$$10+9+8+7+6+5+4+3+2+1=55$$

这个想法的伟大之处在于，我们不仅数出了总数，还找到了一种计数方法。这个方法十分简单通用，无论有多少个点，不管点的数量是多还是少，它都是适用的。如果有 3 个点，这个方法预测将会有 2+1=3 条线段，这很正确，一个三角形刚好有三条边。有趣的是，这个想法一直都在起作用，它不仅给出了计数方法，即使当点的数量减少时，这个想法本身仍然是有意义的。这真的很了不起！

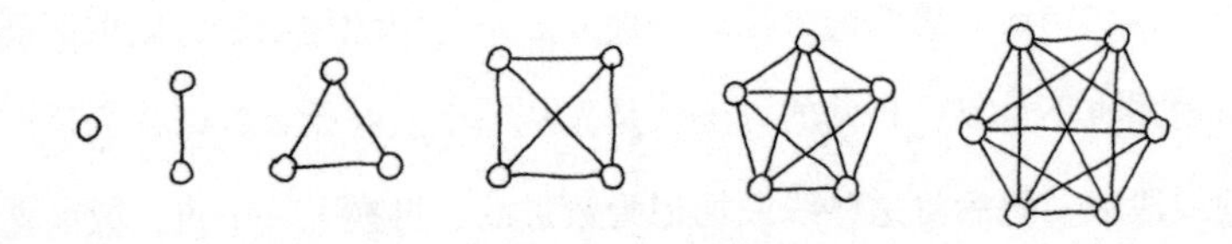

下面，我想展示一种更优雅有趣的方法来思考这个问题，我喜欢称这种方法为“有意多算”（intentional overcounting），其背后的想法是我们进行一些非常简单容易的计算，虽然得出的结果是错误的，但是很容易纠正。

我们分别去观察6个点中的每一个点，可以发现每个点都有5条线段引出，也就是6个点每个点都有5条线段，一共有6×5条。这当然是错误的，因为我们对有些线段进行了重复计数，事实上所有的线段都数了两次（每个端点一次）。也就是说我们得出的初始值6×5是正确值的两倍，所以需要将它减半，由此我们得到（6×5）÷2=15。

我一直很喜欢有意多算的方法，并且觉得它妙趣横生，而且这个方法的速度很快，我们不需要再将一连串连续的整数相加，只需要将两个数相乘再除以2就可以了。

同样，这个方法也很通用，对任何数量的点都适用。如果我们有11个点，思路就是“11个点，每个点都有10条线段，共有110条，但因为每条线段都数了两次，所以实际上有55条”。与前面所得的结果一样，但方法则更优雅。

这里，通过用两种不同的方法对同一事物进行计数，我们发现了一个非常漂亮的算术规律：

$$1=(1\times2)\div2$$

$$1+2=(2\times3)\div2$$

$$1+2+3=(3\times4)\div2$$

$$1+2+3+4=(4\times5)\div2$$

$$1+2+3+4+5=(5\times6)\div2$$

即从 1 到某个数的连续整数之和等于该数与下一个整数的乘积除以 2。

另一种得出这种规律的好方法是，设想把一排排长度越来越长的石子摆成直角三角形，如下所示：

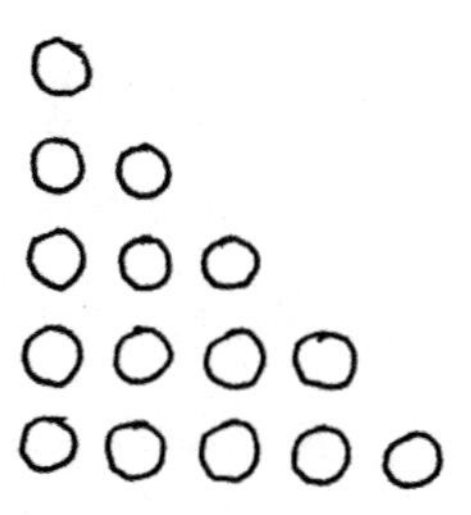

这样摆放之后，可以明显地看出它表示的是 1+2+3+4+5 的总和。最聪明的地方在于，我们将两个这样的摆放设计放在一起，其中一个倒过来，就形成了下面这样 5×6 的矩形！

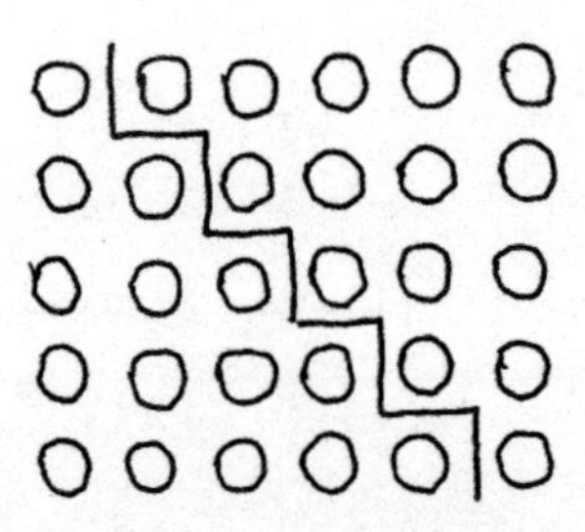

这里我们再次看到，原来的总和一定等于矩形的一半，也就是（5×6）÷2。

值得注意的是，这里我们并没有进行很多计算或比较。我更感兴趣的是看待问题的方法，即从总体上去看数的行为，而不是具体数的大小。由于这个原因，我们不会去做很多传统意义上的算术。例如，（5×6）÷2 这个表达式实际上要比计算值 15 更有价值，更能揭示我们讨论的结构。说句实话，我并不关心有多少个石子、多少个点或多少条线段，我更关心的是想法背后的规律。我很高兴自己有办法得出从 1 到 99 的连续整数加起来等于（99×100）÷2，但是我却并不关心这个数有多大，或者用印度－阿拉伯十进制数来表示它会是什么样子。

如果只计算奇数的总和又会怎样？

下一个优雅计数的例子，让我们看一看真正平凡日常的事物：汽车牌照。会有多少种车牌组合呢？我从小在加利福尼亚州长大，那时加州车牌的格式是 3 个字母后面跟着 3 个数字，就像下面这样：

从那时起，由于车辆数量的疯狂增长，人们不得不在前面再加上一个数字，这样数字字母的个数就达到了 7 个，在我写作这本书的时候依然如此。

当然，我问的并不是目前上路的车牌数量，那是一个完全随机的集合，取决于现实世界中出现的各种难以预料的复杂情况。我对 3 个字母和 3 个数字所能组成的可能组合总数感兴趣，这个数与人们在用他们的汽车做什么无关。

那么，我们要如何计算这样一个庞大的数呢？如果有受虐倾向，你完全可以用某种方式手工罗列车牌，每隔一段时间就交叉检查一次，以确保没有因为不小心而将某个车牌计数了两次。但如果真那样去数的话，你也可以去数一数天上的星星或头上的头发数量。这种方法完全没有利用我们所数对象的对称性及其结构：三个字母后面跟着三个数字的所有可能排列。既然如此，我们不妨完全忘记车牌，将我们的对象看作抽象的符号序列。我真正感兴趣的是找到一种简单优雅的方法对这样的序列进行计数，而不是机动车部门要如何处理它们。

与许多数学问题一样，从更小更简单的问题开始通常都是一个好主意。假设我们的序列是由一个字母和一个数字组成（从 0 到 9），

这样我们要计数的就是像

A5，Q9，B7，F0，Z5，T4

这样的符号序列。

虽然我并不想把所有这样的组合都列出来，不过这确实是计数艺术中的一个关键思想，没有什么能阻止我去想象这样一个列表。请注意，我并不打算真的写下什么东西，但我仍然可以在脑海中想象有这样一个列表。

所以，想象的列表技巧（imaginary list technique，我喜欢这样称呼它）就是看我们能否找到一种方法来组织我们的列表（至少在理论上），以便把它分解成井然有序并易于计数的片段。然后，我们就可以通过算术将这些单独的计数汇成一个总数。

就目前由一个字母和一个数字组成的车牌而言，这并不难做到。一个有条理的人，会如何安排自己想象中的列表呢？一种自然的方法是简单地按字母顺序排列，首先以 A 开头，接着以 B 开头，以此类推。这样一来，我们的想象列表就被分成了很多章节，或者说很多部分：首先是 A 章，接着是 B 章，直到 Z 章。

这种组织方案之所以有价值（尽管它可能是显而易见的），是因为它将我们的列表分成了大小相等的 26 章。由于每个数字都可以与每个字母同时出现，所以每一章刚好包含 10 个序列。（我们甚至可以想象这些序列是按数字顺序排列的，这样 A 章就会包含 A0、A1 与 A2 等 10 个序列）。

这意味着我们甚至可以不用列出任何一个序列就能够计算出总数:一共有26章，每章包含10个序列，所以共有26×10=260个组合。

之所以能有这么好的效果，是因为各章的大小都是一样的，我们可以使用乘法。如果我们以一种不那么有条理的方式将列表分解成了不同大小的章节，那么我们就需要把它们全部加在一起，这样可能就会很麻烦。所以，制作想象列表的第一个原则是，如果可能的话，尽量将它分解为大小相等的部分。

回到20世纪60年代的加利福尼亚州，我们想象着列出所有由3个字母和3个数字组成的序列。与前面一样，我们仍然可以根据第1个字母将列表分成若干章节，然后每个章节都可以根据第2个字母进一步细分。由于选定第一个字母后第二个字母仍然有26种可能的选择，所以总的节数一定是26×26。

当然，每一节都可以根据第3个字母的选择做进一步细分（你难道不高兴我们实际上没有这样做吗？），因此我们总共有26×26×26个不同的三字母类。在每一类中，都刚好有一千个车牌，因为车牌号是从000到999。或者，如果你愿意，使用与字母相同的细分方法我们也可以认为它是10×10×10。

这就意味着，车牌组合正好有26×26×26×10×10×10种可能，通过少量的脑力劳动我们就免去了大量的体力劳动，并且我们知道自己是正确的，我们的方法可以保证每个车牌号都只被计数一次。

这些车牌足够两千万辆汽车使用吗?

作为符号序列的另外一个例子，让我们想象一下赌场中（或者内华达州几乎任何地方都能看见）的三轮旋转老虎机。每个轮盘上都有一组符号，比如樱桃、柠檬和幸运七，这些符号都会显示在如下所示的显示窗口中：

除了没有进位针，这些机器与里程表以及其他机械计数器非常相似。其中的每一个旋转轮盘都是完全独立的，正是这种独立性让计数变得容易。关键在于，第一个轮盘有多少种可能状态，其他两个轮盘就有同样多可能的状态，也就是说，所有的轮盘都是如此。第一个轮盘显示柠檬，丝毫不会影响或干扰其他两个轮盘显示什么图案。

假设每个轮盘可以显示 6 种可能的符号，那么我们想象中的可能结果列表就可以分为 6 个类别（取决于第一个轮盘显示什么），每个类别又有 6 个子项，每个子项又包含 6 个实际条目，所以总共有 $6 \times 6 \times 6$ 种可能的组合。

这里我们使用的是非常普遍通用的计数原理。如果你能找到一种方法把你要计数的东西看成是具有独立旋转轮盘（或插槽）的老虎机，那么你就可以简单地将每个轮盘或插槽的所有可能性相乘，来计算总的可能性数量。这正是处理车牌时我们遇到的情况，3 个字母符号每个有 26 种可能性，3 个数字符号每个有 10 种可能性。

美国罗得岛州的车牌是 QZ458 这样的格式，

请问这种格式最多可以包含多少个车牌？

当我们讨论赌博时，经常会发生这样的情况：除了享受机会游戏带来的乐趣和刺激之外，人们有时也想理性地决定这样的游戏在经济上是否值得，也就是说，想对自己赢钱的可能性做一个粗略的衡量。显然，不可能保证肯定赢钱，但想知道输或赢哪一方更有可能则没有问题。常见的衡量一个特定事件发生的可能性的方法，就是比较该事件可能发生的次数与总的可能次数。

例如，假设你正在玩一台我们设想的那种老虎机，有 3 个旋转轮每个都可显示 6 种可能的符号，因此共有 $6\times6\times6=216$ 种可能的结果。如果获胜的组合只有 777 和 3 个樱桃两种，那么在 216 种可能的结果中只有 2 次机会获胜。如果你喜欢，获胜的可能可以用分数 $\frac{2}{216}$ 来表示，用百分比表示大约是 0.9%。换个角度来看，赔率是 214 比 2，也就是说在 216 种可能性中，214 种对你不利，只有 2 种对你有利。这里的关键是，所有对可能性的度量都要归结为计数。

一副均匀洗过的扑克牌，最上面的一张牌是黑桃或人脸牌的可能性有多大？

现在我们来看一个更复杂的计数问题。这个问题同样与我的童年有关，那时我对集邮特别感兴趣，喜欢收集世界各国的邮票，特别是关于各种国旗的邮票。为简单起见，我们将只讨论有 3 个垂直条纹的国旗，比如法国和意大利的国旗。

法国国旗

意大利国旗

显然，我们不会去统计实际使用的这类旗帜的数量。很少有比全球政治更不优雅和难以数学化的事物了。（我甚至无法跟上那些不断出现和消失的新国家，更不用说他们所采用的国旗设计了。）相反，假设我们正在建立自己的新城堡，并且将旗帜的颜色范围缩小为以下 4 种：红色、黑色、黄色和绿色。也就是说，我们决定采用有 3 个垂直条纹的旗帜，至于每个条纹是什么颜色还没有决定。

用老虎机来类比，每个条纹就是有 4 种可能值的旋转轮，因此我们能够得到 $4 \times 4 \times 4=64$ 种可能的旗帜设计。这 64 种将包括黑—黑—红和绿—绿—绿等（不大可能让人接受的）颜色，而这并不在我们的打算之内，因此我们想要每个条纹都有不同的颜色，不能重复。由此我们对选择加上了限制，这让事情变得有趣起来。

当然，我们仍然可以做一个想象的列表，并尝试以一种很好的方式将它分成几个部分。事实上，老虎机的想法仍然是可行的，但是需要转一个弯。我们仍然可以根据第一个条纹（比如说最左边的那个）的颜色将旗帜列表细分为不同的类别。但是第二个条纹只能够是剩下的 3 种颜色中的一种，因为颜色不能重复。幸运的是，无论第一个条纹选择了什么颜色，这个数都是相同的，因为剩下可用的颜色取决于第一个条纹使用了什么颜色（比如如果它是绿色的，那么第二个条纹就不能是绿色的），但可能的颜色数量是相同的，都是 3 种。

所以，我们想象的列表可分为 4 类，每类又可分为 3 小类，每小类刚好包含 2 种旗帜，这是因为前两个条纹着色后，第三个也就是最后一个条纹只剩下 2 种颜色可用。例如，在红—黑这个小类中，我们有红—黑—黄和红—黑—绿这两种颜色设计。

因此即使我们对着色进行了限制，仍然有某种独立性存在，即数量的独立性。这就好比我们有一台老虎机，第一个轮盘可能会出现 4 种符号，第二个可能会出现 3 种，第三个则只可能出现 2 种，因此旗帜的设计总数就是 $4 \times 3 \times 2=24$ 种。

当然，这个数很小，我们其实可以把它们全部都列出来，甚至可以拿出彩色铅笔将它们画出来，这可能会更有趣。如果你是第一次接触这些想法，我甚至会推荐你这么做。

画出所有 24 种可能的旗帜，其中你最喜欢哪种?

显然，计数和其他艺术形式一样，需要细心、耐心和多年的经验才能掌握。列出想象的列表，并对独立性保持敏感，可以说是一个很好的开始。

如果我们允许第一种和第三种颜色相同，情况又会怎样？

一种常见的情况是，当有一批物品比如说书架上的书时，我们想知道有多少种排列的方法。为简单起见，我们把这些书分别称为A、B、C和D。因此，现在不同的排列方式都是字母序列，如DACB和BDCA。那么一共有多少种可能呢？

第一个位置有4种可能，而第二个位置则只有3种，与第一个位置选择了什么无关。这很关键，书架上每个相继的位置都会少一种可能，因为剩余的书在不断减少。第三个位置还有2种可能，而第四个位置则只有1种可能了。换句话说，最后一本书不管是哪本，它都是被迫放在最后的。

再一次，幸好有数的独立性，所以我们得到了$4\times3\times2\times1=24$种可能性，与前面所说的条纹旗帜种类相同。这是因为颜色实际上起到了书的作用，而条纹则是书架上的位置，未使用的颜色则扮演了最后一本书的角色。

这种情况在计数中经常发生，两个明显不同的计数问题最后发现是一样的。这里我并不是说最后的计数结果是一样的，而是说只要用正确的方式去思考，就会发现问题的本质是一样的。这就是作为一个数学家的意义所在：用最简单、最抽象的方式看待问题，这样就可以在问题之间建立联系并能更深入地理解问题。几乎没有什么事情能像数学顿悟那样强大而有影响力。

我们发现了一个非常简单且通用的计数原理：如果你有一堆东西，比如说有 13 个，你想将它们按顺序排列，那么排列的方法有 $13 \times 12 \times 11 \times 10 \times 9 \times 8 \times 7 \times 6 \times 5 \times 4 \times 3 \times 2 \times 1$ 种。

这样的连续整数乘积在计数问题中经常出现，因此值得有缩写，通常会写作 13!，读作“十三的阶乘”。感叹号是一个有趣的选择，不过它已经成为标准写法。（同样，印刷工人喜欢从已经存在的符号中选择。）它的主要缺点是，当你这样写时必须要克制自己的热情，因为如果你直接写“答案是 5!”可能会让人感到有些困惑。

因此，我们有 3!=6 种方法去排列三件东西，有 2!=2 种穿鞋方式（即正常穿的方式和穿错脚不舒服的方式）。当然 1!=1，对应的是一件东西的排序只有一种方法。如果这还不够迂腐，我们甚至可以说 0!=1，因为整理一个空书架只有一种方法，那就是什么都不做！总而言之，这是一个非常美的规律。

请证明有超过五千种不同的方法对 7 件东西进行排列。

回到对书架上的 4 本书进行排列的问题，如果有两本书一模一样无法区分，又有多少种排列方法呢？

除了物体的重新排列和组合外，另一类常见的计数问题还包括从一系列可能性中选择一组事物。举个简单的例子，假设我需要 2 个孩子来帮我拧灯泡，并且有 6 个孩子自愿帮忙，我需要从这 6 个孩子中选择 2 个作为帮手，那么有多少种选择方法呢？

显然在现实生活中，我只会选择其中的 2 个人（不管用什么方法）来帮忙。即使这样，我仍然想知道自己到底有多少种选择。总之，我们想弄清楚这件事。

不用去做任何工作的一个奇妙的方法，就是认识到这其实就是前面所说的点线问题：每个点都表示一个孩子，而一条线段正好对应两个孩子，所以答案又是 15 种。

好吧，自作聪明先生，如果我需要 3 个帮手又会怎样呢？ 3 人组不是那么容易用点和线来表示的，所以我们需要进行一些思考，一个聪明的方法是有意多算。我们把这个问题想象为有 3 个位置需要填充，3 个助手各占 1 个。第 1 个位置有 6 种填充方法，第 2 个位置则有 5 种方法（第一个孩子已经占了一个位置），最后一个则有 4 种方法，所以共有 6×5×4 种可能的选择。当然，这样算已经多算了不少，因为每一个组都在我们的名单里出现过多次。比如说，如果我们先选简，再选迈克尔，最后选克里斯，其实与先选克里斯，再选简，最后选迈克尔是一样的，但是却被当成了两种互相独立的选择，计算了两次。这里使用的老虎机计数方法引入了与当前问题无关的组内排序问题。

那么，一个给定的 3 人小组被计算了多少次呢？由于刚好有 3!=6 种方法对 3 个人进行排序，所以我们一不小心（其实是故意地）将每一组数了 6 次。也就是说，我们刚才得到的总数是最终计数结果的 6 倍，所以我们需要除以 6，最终结果是（6×5×4）÷6=20。

结论是，从 6 个人中选出 3 个人共有 20 种方法。在计数领域，这通常被称为“六选三”，简写为 $\binom{6}{3}$。值得注意的是，这并不是除法（没有横杠），而且括号是整个符号的一部分，不仅仅是为了谨慎起见。

因此，$\binom{8}{5}$ 表示的是从 8 个事物中选择 5 个事物的方法数量，而且默认不在意事物之间的顺序，同时也没有限制可以选择哪些事物。同理，我们可以计算出

$$\binom{8}{5} = (8 \times 7 \times 6 \times 5 \times 4) \div 5!$$

这里 5! 对应的是 5 个事物的可能排序数，也就是我们计数的次数。如果你愿意，我们也可以对这个表达式求值以便进行比较。一个简单方法是明确写出 5!，然后消去分子分母上的所有公因子，因此：

$$\frac{8 \times 7 \times 6 \times 5 \times 4}{5 \times 4 \times 3 \times 2 \times 1} = \frac{8 \times 7 \times 6}{3 \times 2 \times 1} = 8 \times 7 = 56。$$

所以从 8 个事物中选择 5 个，刚好有 56 种方法。

有多少种方法可以将 8 个人分成两个 4 人组？

我们来看一个有趣的问题，假设我有一盒 8 个的甜甜圈，其中 5 个是巧克力味的，3 个是椰子味的。当然，我可以按照自己喜欢

的方式去排列它们，但我只关心口味的顺序，并不关心单个甜甜圈本身。也就是说，如果我们用符号 A 和 B 表示巧克力味和椰子味，那么

ABAABABA

就是这盒甜甜圈的一种排列方式，交换两个巧克力味的甜甜圈不会对这个排列产生任何影响。我想知道的是由 5 个 A 和 3 个 B 组成的序列有多少种？

这里的想法是将位置看作对象而不是甜甜圈，我需要做的就是在 8 个位置中选择 5 个来放置 A，并将 B 放到其余的位置上。这样安排之后（其实不用做太多的事情），我就可以立即推算出共有 $\binom{8}{5}$ 种排序方式。

为什么 $\binom{8}{5}$ 等于 $\binom{8}{3}$？

如果再增加一种口味，情况就变得更加微妙了。让我们想象一下一盒有 12 个甜甜圈，其中 5 个巧克力味的，3 个椰子味的，4 个加了糖屑的。现在我们要对由 5 个 A、3 个 B 和 4 个 C 组成的包含 12 个字母的“单词”进行计数，其中一个这样的单词是：

CAABCABACCBA

亲爱的读者，不妨试试自己能否用有意多算的方法来处理这个问题。如果能把所有的甜甜圈都区分开来，那么我们就能轻松得到答案 12!（我指的是 12 的阶乘，而不 12 后面有个热情的叹号）。

你能解决这个有三种味道的甜甜圈问题吗？

（如果你的计算正确，你应该得出一共有 27720 种可能的方式。）

既然我们已经在甜甜圈店了，请允许我再向你展示一个我的最爱。这是一个由计数问题激发出来的富有创造性和想象力思维的完美例子。

让我们再做一盒 12 个甜甜圈，只是这次我们不再限制 A，B 和 C 这三种口味的个数，只要它们加起来等于 12 就行。这次我并不关心盒子里甜甜圈的顺序，只关心每种口味的数量，所以，所有包含 2 个 A、3 个 B 和 7 个 C 的盒子对我来说都一样。事实上，我们不妨假定所有的 A 都放在最前面，B 放在中间，最后才是 C。

这意味着我们可以重新表述这个问题：有多少种方法可以将 12 分解为 3 个数的和？更准确地说，我们要计算的是相加之和等于 12 的有序三元组的数量，这里我们需要认为 2+3+7 与 7+2+3 是不同的，因为它们对应着不同的口味选择，其中第一个数表示 A 口味的数量。这也包括其中有一个或两个数为 0，例如 6+6+0 对应的就是盒子里有 A、B 两种口味各 6 个，没有 C 口味。

那么我们要如何对这个集合计数呢？我们当然可以做一个想象

的列表，并尝试用某种方式去组织它。例如，我们可以根据其中 A 的数量来划分：首先是不包含 A，然后是有一个 A，两个 A，以此类推，直到只包含 12 个 A。

这种方法的问题是每类的大小都不一样。不包含 A 的情况有很多种，但包含 12 个 A 的情况却只有一种。这样就会变得很乱，特别是每个类下面的小类也同样如此。真是很麻烦！

所以我想向大家展示一个非常好的想法。我们先想象去做一些很实际的事情，现实生活中的面包店和甜甜圈店会经常这样做。我们用纸板将不同口味的面包或甜甜圈隔开，这样巧克力粉就不会沾到椰子口味上了（其实我并不介意，它们可以说是这个世界上我最喜欢的两种东西）。总之，一个典型的盒子现在应该是下面这样的：

AAA | BBBBB | CCCC

为了尽可能保持一致和对称，现在假设我们总是会插入两个分隔符，即使缺少某种味道时也是如此。例如，有 7 个 A 和 5 个 B（没有 C）的盒子将在 A 和 B 之间有一个分隔符，同时在最后一个 B 之后有一个分隔符，就像下面这样：

AAAAAAA | BBBBB |

其他有趣的例子如下所示：

|　　| CCCCCCCCCCCC

AAAAAA　|　　| CCCCCC

|　BBBBBBBBBBBB　|

总之，不管怎样都会有两个分隔符，即使第一个分隔符的左边和第二个分隔符的右边什么都没有，那也没有关系。

这时我最喜欢做的事情就是想象这些分隔符不是薄薄的纸板或蜡纸，而是假的塑料甜甜圈。然后，我们就可以认为盒子里装有 14 个甜甜圈，其中有两个是假的。更重要的是，这两个假的在任何位置都可以，对应的都是合法的甜甜圈口味组合。

现在天地分开，真相揭晓了：我们所做的就是从 14 件东西中选择 2 个，也就是这两个假甜甜圈真分隔符所在的位置。所以，这个问题的答案很简单，就是 $\binom{14}{2}=91$。难道这个结果不让你感到印象深刻吗？

如果有 4 种口味可供选择，情况又会怎样呢？

我希望自己已经成功地传达了计数艺术的深度、美丽和微妙之处。当然，欣赏它的最好方法是去设计你自己的计数问题，并运用自己的头脑给出聪明机智的解法。在结束本章之前，我想留下如下的问题供你思考：

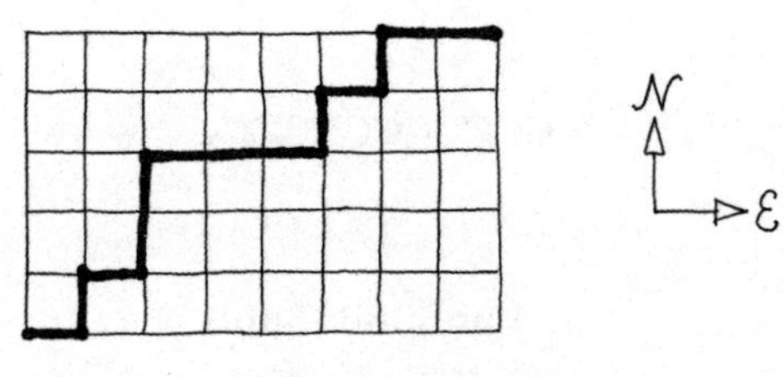

（N：北；E：东）

在你家以北 5 个街区，以东 8 个街区之处有一家咖啡馆，你准备在那里与朋友见面。假设你只能向北走或向东走，请问你有多少条不同的路线可以选择？

后记

好了，亲爱的读者，我们一起旅行的时光结束了。我希望我们所做的一切都有意义，不仅是关于算术的技术细节，更重要的是从更大的哲学和美学角度去看待算术。我特别希望自己已经成功地传达了这样一个理念：不妨把头脑看作一个游乐场，一个可以为你自己创造快乐、创造美好事物的地方，同时也让你惊叹于自己所创造的和尚不能理解的东西。如果这本书能够让你领略到数学之美，无论在哪个层面上，我都会感到由衷的高兴和欣慰！

∨
∨
∨
∨

译后记

五年前，一个偶然的机会我翻译了保罗·洛克哈特的《度量》（*Measurement*）一书。今年2月份我收到了青豆书坊的邀请，再次荣幸地成为保罗·洛克哈特的*Arithmetic*一书的译者。早在翻译邀请之前，我就在亚马逊中国上买过这本书的纸质本，2018年的亚马逊中国还在销售纸质书。之所以买了一本，最主要是因为被此书的封面所吸引，封面上横横竖竖地摆放着各种各样的松果，让我想起了小时候手提着篮子在村后的山上捡松果的情形。虽然目的完全不一样，封面上的松果是为了给人带来美感，而我当时捡松果只是为了把它当作引火之物。

我不想在这里去重复这本书的主要内容，只想说一说我自己在阅读时感受比较深的地方。我们从小学就学会了乘法，更是将乘法口诀九九表背得滚瓜烂熟（当然能够熟记并掌握九九表并没有什么不好)，“六八四十八”，但我们却似乎很少去想这样做的原因，即为什么要把六个八转换为四十八，至少我是这样，其实原因很简单，正如本书作者所指出的那样：方便数的比较。我们日常使用的是十进制系统，所以需要将那些不是以十作为分组的数转换为以十为分组，这样才方便进行比较。还有就是作者所提的另一个观点，越是在熟悉的时候越要保持清醒的头脑，不能因为对某个事物特别熟悉，从小在满是该事物的环境中长大，比如说十进制系统，我们就认为该系统天经地义，其地位或权威性不容置疑。如果人们一直认为“平面上过直线外一点有且仅有一条直线与已知直线平行”是真理，那么就不会有非欧几何和广义相对论的产生，也就不会有随之而来的物理学革命。最后作者丰富的想象力让人印象深刻：比如用缝针来类比加法，有多少列就缝多少针，并将进位数放在针头上参与下一列的相加；又比如在计算有多少种方法可以将 12 分解为 3 个数的和时，将 12 看成是 12 个甜甜圈，将 3 个数看成是三种不同口味的甜甜圈个数，并用隔板隔开不同口味的甜甜圈防止串味，最终将问题转化为：在 14 个位置中选择 2 个隔板位置，等等。相信读者在阅读时肯定会被丰富生动的想象吸引，跟随作者一起走入美妙的数学中去。

最后，感谢青豆书坊的邀请和编辑老师的细心工作，感谢我的家人对翻译工作的帮助和督促。虽然译者在翻译过程中尽了最大努力想让译文平实流畅，但限于水平，译文中不可避免地会存在这样那样的问题，欢迎读者发送邮件到 forArithmetic@163.

com 批评指正。如果读者能够在阅读本书时有所思考、有所收获，那将是对译者工作的最大肯定！

王凌云

2020 年 8 月

图书在版编目（CIP）数据

极简算术史：关于数学思维的迷人故事 /（美）保罗·洛克哈特（Paul Lockhart）著；王凌云译 .—上海：上海社会科学院出版社，2021

书名原文：Arithmetic

ISBN 978-7-5520-3500-1

Ⅰ .①极… Ⅱ .①保… ②王… Ⅲ .①数学史 Ⅳ .① O11

中国版本图书馆 CIP 数据核字（2021）第 028543 号

极简算术史：关于数学思维的迷人故事

著　　者：（美）保罗·洛克哈特（Paul Lockhart）
译　　者：王凌云
责任编辑：杜颖颖
特约编辑：贺　天
封面设计：主语设计
出版发行：上海社会科学院出版社
上海市顺昌路 622 号　　邮编 200025
电话总机 021-63315947　销售热线 021-53063735
http: //www. sassp.cn　　E-mail: sassp@sassp.cn
印　　刷：天津旭丰源印刷有限公司
开　　本：710 毫米 ×1000 毫米　1/32
印　　张：8.5
字　　数：180 千字
版　　次：2021 年 6 月第 1 版　　2021 年 6 月第 1 次印刷

ISBN 978-7-5520-3500-1/O·004　　定价：52.80 元